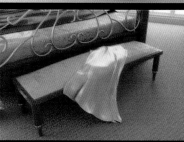

案例名称：卧室场景表现
所在章节：第8章8.2节

案例名称：简洁客厅场景材质精讲
所在章节：第5章5.1节

案例名称：休闲场景材质精讲　　所在章节：第5章5.2节

案例名称：认识VRay阴影　　所在章节：第3章3.2节

案例名称：餐桌场景材质精讲　　所在章节：第5章5.3节

案例名称：餐盘场景表现　所在章节：第7章7.2节

案例名称：餐台场景材质精讲　所在章节：第5章5.5节

精品案例赏析

案例名称：浴室场景材质精讲　　　所在章节：第5章5.4节

所在章节：第10章10.1节
案例名称：摄像头场景表现

所在章节：第6章6.2节
案例名称：梦境般的景深效果

案例名称：绚丽的焦散效果　　　所在章节：第6章6.1节

所在章节：第4章4.2.1节
案例名称：VRayMtl材质折射部分

案例名称：欧式灯笼场景表现　　　所在章节：第7章7.1节

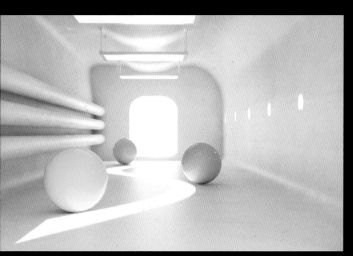

案例名称：认识VRay灯光　　　所在章节：第3章3.1节

案例名称：VRay置换参数讲解
所在章节：第2章2.15节

案例名称：VRay焦散参数讲解
所在章节：第2章2.10节

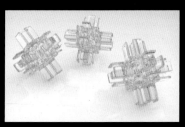

案例名称：VRay折射环境参数讲解
所在章节：第2章2.11.3节

案例名称：VRayMtl材质反射部分
所在章节：第4章4.2.1节

案例名称：VRayLightMtl材质讲解
所在章节：第4章4.3节

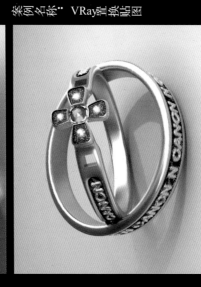

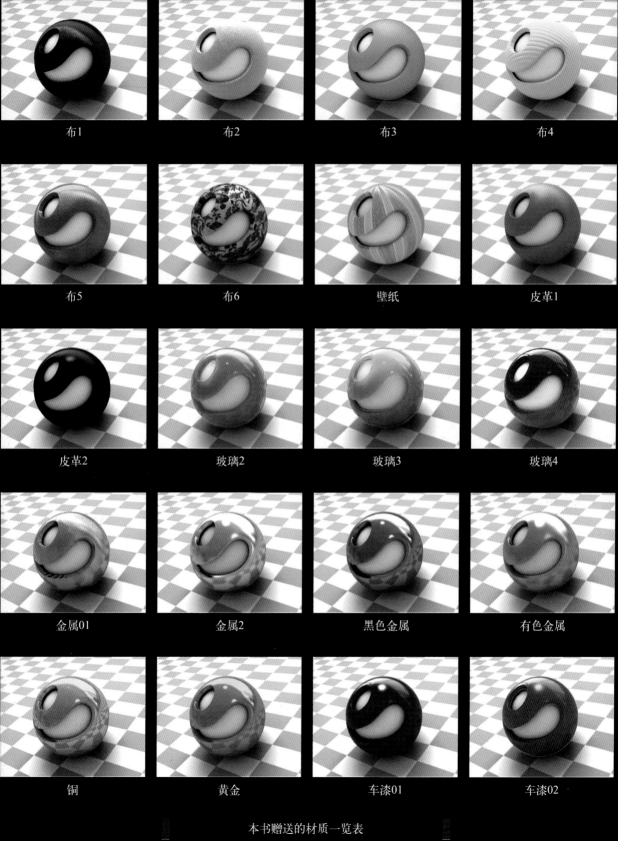

布1　　　布2　　　布3　　　布4

布5　　　布6　　　壁纸　　　皮革1

皮革2　　　玻璃2　　　玻璃3　　　玻璃4

金属01　　　金属2　　　黑色金属　　　有色金属

铜　　　黄金　　　车漆01　　　车漆02

本书赠送的材质一览表

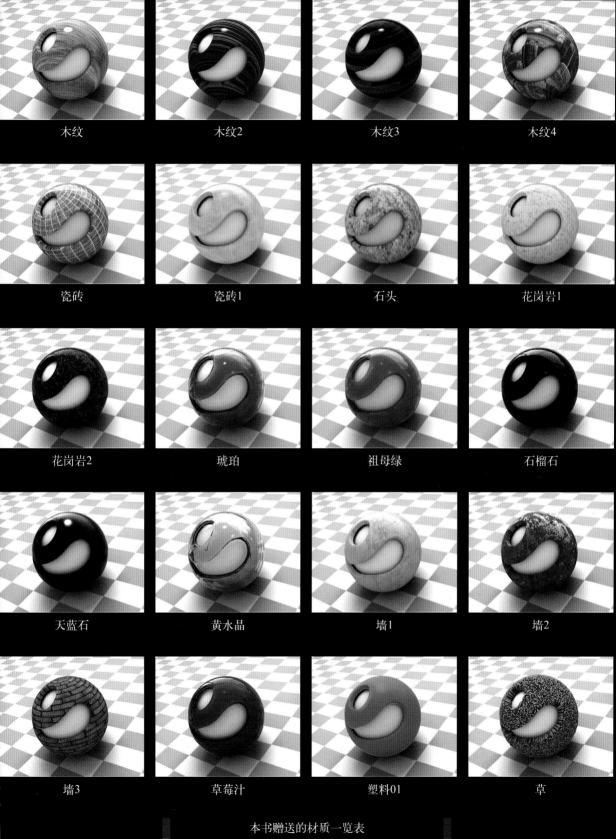

木纹	木纹2	木纹3	木纹4
瓷砖	瓷砖1	石头	花岗岩1
花岗岩2	琥珀	祖母绿	石榴石
天蓝石	黄水晶	墙1	墙2
墙3	草莓汁	塑料01	草

本书赠送的材质一览表

VRay Super Realistically Rendering

VRay 超级写实渲染

For 3dsmax 9.0
VRay 1.50RC3

徐柏涛 编著

完全解析

清华大学出版社

北 京

内 容 简 介

　　本书是一本讲解 VRay 渲染技术的图书，书中既有对 VRay 软件技术的全面讲解，也有丰富的案例，光盘中还提供了书中若干个案例的学习视频。通过学习本书，各位读者将能够掌握面对不同类型的渲染任务时，如何设置合适的材质，如何进行布光，如何调整渲染参数，如何进行后期优化，从而轻松得到照片级别的三维作品。

　　本书光盘含书中案例素材源文件，视频教案，HDRI 贴图和常用的 VRay 材质库。

　　本书特别适合于希望快速在静物写实渲染、工业造型渲染、室内外效果图渲染、包装设计渲染等方面，提高渲染质量、工作效率的人员阅读学习，也可以作为各大中专院校或相关社会类培训班用作相关课程的学习用书。

本书封面贴有清华大学出版社防伪标签，无标签者不得销售。

版权所有，侵权必究。侵权举报电话：010-62782989　13701121933

图书在版编目(CIP)数据

VRay 超级写实渲染完全解析/徐柏涛 编著. —北京：清华大学出版，2008.1

ISBN 978-7-302-16456-2

Ⅰ.V…　Ⅱ.徐…　Ⅲ.三维—动画—图形软件，VRay　Ⅳ.TP391.41

中国版本图书馆 CIP 数据核字(2007)第 176345 号

责任编辑：于天文(mozi4888@gmail.com)
装帧设计：雷　波
责任校对：胡雁翎
责任印制：何　芊

出版发行：清华大学出版社　　　　　　　　　　地　　址：北京清华大学学研大厦 A 座
　　　　　http://www.tup.com.cn　　　　　　　邮　　编：100084
　　　　社　总　机：010-62770175　　　　　　邮　　购：010-62786544
　　　　投稿与读者服务：010-62776969，c-service@tup.tsinghua.edu.cn
　　　　质　量　反　馈：010-62772015，zhiliang@tup.tsinghua.edu.cn
印　刷　者：北京鑫丰华彩印有限公司
装　订　者：三河市李旗庄少明装订厂
经　　销：全国新华书店
开　　本：185×260　印　张：25.75　插　页：8　字　数：685 千字
　　　　　附 DVD 光盘 1 张
版　　次：2008 年 1 月第 1 版　　　印　　次：2009 年 2 月第 2 次印刷
印　　数：5001～6500
定　　价：78.00 元

关于渲染技术

从三维技术制作的角度来看，渲染技术应该说是最重要的，因为建模技术在三维软件发展多年以后已经相对简单，而且目前互联网上模型库达到了泛滥的地步，许多模型直接调用即可。

经过若干年的发展，三维渲染技术已经今非昔比，各种插件极大地提升了渲染的速度和质量，而其中尤其以近年来风头强劲的VRay首当其冲。

在当今的效果图制作领域，几乎达到了人人学VRay的地步，网络中的各种有关VRay的资料也成为相关搜索领域被搜索次数最多的关键字。

本书结构

本书正是一本全面讲解VRay渲染技术的书籍，相信凭籍本书全面的技术剖析、通俗易懂的讲解、全面详细的案例步骤解析，必然能够帮助各位读者在学习本书后，在VRay渲染技术方面，快速从新手成长成为高手。

自第1章至第6章，本书讲解了一个VRay高手应该掌握的各种VRay技术，包括VRay的关键参数，VRay的阴影、材质与灯光设置技术，为了便于各位读者理解所讲述的知识点，笔者在讲解中穿插了若干小实例。

第7章至第10章为本书的案例章节，由于VRay能够被应用在各种渲染任务中，因此本书与市场上的其他书籍不同，并没有单纯讲解效果图方面的案例，而是极大地丰富了案例的类型，例如，写实静物表现、工业设计、包装表现等类型的渲染任务，本书均有相关的章节及案例进行详细讲解与分析。

当然，当前VRay应用最广泛的领域效果图制作，也是本书的重点讲解内容之一，书中分别在第8章、第9章讲解了3个案例，分别展示了如何使用VRay渲染客厅、卧室及建筑外观。

个人学习经验

依据笔者个人的学习经验，VRay是一个较为简单的软件，这也是为什么越来越多的三维人员喜爱此软件的原因，其学习重点是对不同渲染任务的布光与材质思路的掌握。

以室内效果图渲染为例，只要掌握了一个空间的日光、夜景灯光的布光、材质制作思路与步骤，就能够通过自己的学习举一反三掌握如客厅、卧室、浴室、卫生间的制作要点，室外效果图渲染亦是如此(当然，一张漂亮的效果图也与制作人员对光影的把握，空间的造型、色彩、装饰等各个方面有很大关系，但这已经超出本书的讨论范畴)。

而本书正是根据笔者的这种学习经验而撰写的，书中通过若干个类型不同的案例，针对不同的渲染任务分别进行了深入的解，从而使读者能够在一本书中掌握VRay的渲染要点，从而能够胜任以下渲染工作：
- 室内效果图渲染；
- 室外效果图渲染；
- 工业造型渲染；
- 平面包装物渲染；
- 三维静物写实模拟。

学习环境与交流

本书写作时使用的软件版本是3ds Max 9.0中文版，操作系统环境为Windows Xp Sp2，VR的版本为1.50RC3，因此希望各位读者在学习时使用与笔者相同的软件环境，以降低出现问题的可能性。

限于水平与时间，本书在操作步骤、效果及表述方面定然存在不少不尽如人意之处，希望各位读者来信指正，笔者的邮件是Lbuser@126.com。

特别声明

本书的主要撰写工作虽然由笔者完成，但在撰写过程中徐柏涛、吴腾飞、李静、王锐敏、李美、刘志伟、刘小松、肖辉、陈木荣、刘星龙、左福、雷剑、邓冰峰、边艳蕊、马俊南、左福、姜玉双等人也作出了大量工作在此致谢。

本书所附的光盘中包含学习书中所有案例所需要的素材，以及笔者为帮助各位读者加快学习进度特别录制的学习视频，尤其值得一提的是，光盘中附赠了笔者在渲染时使用的光子图以大幅度节省各位读者的渲染生成时间。

本书光盘中的所有素材图像仅允许本书的购买者使用，不得销售、网络共享或做其他商业用途。

笔者

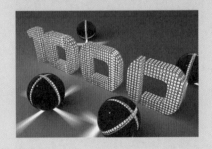

第 章　VRay基础知识

1.1 初步认识VRay渲染器

自从Autodesk公司的3ds max系列软件诞生以来,其渲染器方面一直是其明显的弱点。虽然3ds max软件已经开发到了3ds max 9.0版本,也随之加强了其渲染功能,但是就渲染器部分而言,渲染速度和可操控性还是不能尽如人意。

为了解决这个问题,许多3ds max插件开发公司开始针对3ds max软件的先天不足而开发各种渲染器。到目前为止,使用者可选择的第三方渲染器非常多,而VRay渲染器凭借其良好的速度、真实地渲染效果、可操控性等方面的优势逐渐从众多渲染器中脱颖而出。

VRay渲染器是一款真正的光线追踪和全局光渲染器,其最大的技术特点就是优秀的全局照明(Global Illumination)功能,利用此特点能够在图中得到逼真而又柔和的阴影与光影漫反射效果。

VRay的另一个引人注目的功能是Irradiance Map,此功能可以将全局照明的计算数据以贴图的形式来渲染效果,通过智能分析、缓冲和插补,Irradiance Map可以既快又好地达到完美的渲染效果。

近年来,VRay渲染器被广泛地应用于各个设计领域,无论是建筑设计、室内设计、工业设计、包装设计还是珠宝设计和游戏设计等都有VRay渲染器的踪迹。如图1-1所示的精美效果就是各个设计领域中的渲染大师们使用VRay渲染器渲染的作品。

图1-1

VRay渲染器不仅仅是一个支持全局照明的渲染器,其内部还集成了众多高级渲染功能,例如焦散、景深、运动模糊、烘焙贴图、置换贴图、HDRI高级照明等附加功能。如图1-2所示为使用VRay渲染器渲染得到的精美效果。

图1-2

1.2　激活VRay渲染器

本书案例全部采用功能比较完善的**V-Ray Adv 1.5 RC3**版本和3ds max 9.0正式中文版。因为3ds max在渲染时使用的是自身默认的渲染器，所以要手动设置VRay渲染器为当前渲染器，具体操作步骤如下：

1 首先确定已经正确安装了VRay渲染器，打开3ds max9.0，在工具栏中单击 按钮，打开"渲染场景"对话框，此时"公用"选项卡的"指定渲染器"卷展栏中提示的默认渲染器为"默认线扫描渲染器"，如图1-3所示。

2 单击"产品级"文本框后面的 按钮，弹出"选择渲染器"对话框，在这个对话框中可以看到已经安装好的V-Ray Adv 1.5 RC3渲染器，如图1-4所示。

图1-3

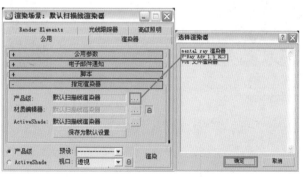
图1-4

3 选择V-Ray Adv 1.5 RC3渲染器，然后单击"确定"按钮。此时可以看到"产品级"文本框中的渲染器名称变成了V-Ray Adv 1.5 RC3。对话框上方的标题栏也变成了V-Ray Adv 1.5 RC3渲染器的名称。这说明3ds max目前的工作渲染器为V-Ray Adv 1.5 RC3渲染器，如图

1-5所示。

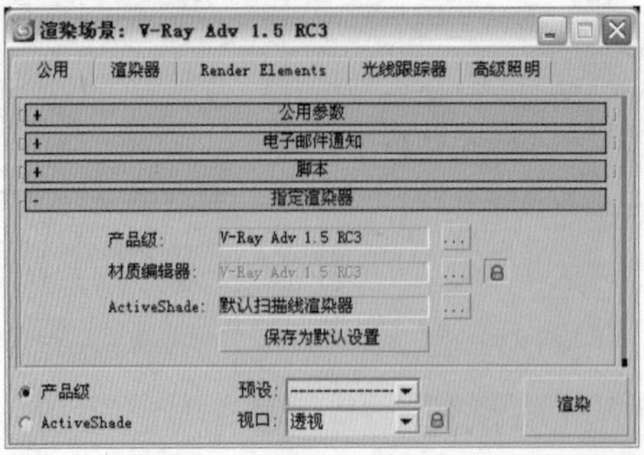

图1-5

1.3 VRay渲染器在3ds max 9.0中的位置

VRay渲染器正确安装后可以在3ds max里的很多模块中找到它。

1.3.1 材质编辑器中的位置

在材质编辑器中增加了7种VRay专业材质类型，如图1-6所示。它们分别是：VRay2SidedMtl（VRay双面材质）、VRayBlendMtl（VRay混合材质）、VRayFastSSS（VRay快速3S材质）、VRayLightMtl（VRay灯光材质）、VRayMtl（VRay专业材质）、VRayMtlWrapper（VRay材质包裹器）、VRayOverrideMtl（VRay覆盖材质）。常用材质类型的设置方法将在书中材质部分详细讲解。

在材质编辑器的贴图通道中共增加了8种贴图类型，如图1-7所示。它们分别是：VRayBmpFilter（VRay位图过滤器）、VRayColor（VRay颜色贴图）、VRayCompTex（VRay合成材质）、VRayDirt（VRay脏旧材质）、VRayEdgesTex（VRay线框材质）、VRayHDRI（VRay高动态范围图像贴图）、VRayMap（VRay贴图）、VRaySky（VRay天空材质）。常用材质贴图的设置方法将在书中材质部分详细讲解。

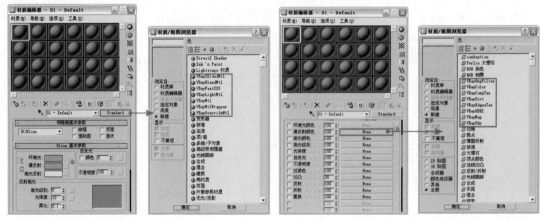

图1-6   图1-7

1.3.2　灯光命令面板中的位置

在灯光命令面板中增加了 2 种VRay灯光类型：　VRayLight　（VRay灯光）和 VRaySun （VRay太阳光），如图1-8所示。具体设置方法将在书中的灯光部分详细讲解。

1.3.3　修改命令面板中的位置

在修改命令面板中增加了一种VRay专用的置换修改器VRayDisplacementMod，如图1-9所示。具体使用方法将在后面章节中具体讲解。

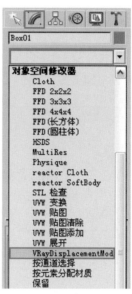

图1-8　　　　　　　　　　图1-9

1.3.4　几何体命令面板中的位置

在创建面板的几何体命令面板中选择VRay类型后可以看到增加了4种VRay几何体，如图1-10所示。

它们的作用分别为：

● （VRay替代物体），使用这个命令允许我们在渲染的时候导入外部对象，但这个外部对象不会出现在3ds max的场景中，也不会占用任何资源。

● (VRay毛发)，可以使用这个命令创建出逼真的毛发效果。在通常情况下，我们可以使用它来制作地毯、绒布、头发等物体。

● (VRay平面几何体)，使用这个命令可以渲染出无限大尺寸的平面，这个几何体是没有参数控制的。

● (VRay球体)，使用这个命令可以渲染出球形对象。

图1-10

第 ② 章　　VRay渲染器参数详解

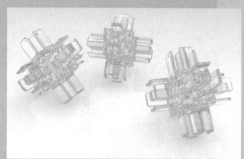

虽然，VRay在使用方面要优于其他渲染软件，在功能方面也较其他大多数渲染软件更强大，但在功能强大而丰富的背后即是复杂而繁多的参数，因此要掌握此渲染器，首先要了解各个重要参数的功能，V-Ray Adv 1.5 RC3的渲染器控制面板如图2-1所示，下面将在本章各个小节中讲解各重要参数的意义。

VRay版本发布的频率并不高，要得到当前使用软件版本号，可以观察如图2-2所示的卷展栏。

图2-1

图2-2

2.1　V-Ray：：Frame buffer卷展栏

V-Ray：：Frame buffer(帧缓存设置)卷展栏如图2-3所示，该卷展栏主要控制的是渲染尺寸设置、渲染框显示设置、渲染通道设置、渲染图片水印设置等。这些都是在实际效果图创建渲染过程中非常有用的工具，下面我们将详细讲解其中主要参数的作用。

图2-3

● Enable built-in frame buffer：使用内建的帧缓存。勾选这个选项将使用VRay渲染器内置的帧缓存。

● Render to memory frame buffer：渲染到内存。勾选的时候将创建VRay的帧缓存，并使用它来存储颜色数据以便在渲染时或者渲染后观察。

● Get resolution from MAX：从3ds max获得分辨率。勾选这个选项的时候。VRay将使用设置的3ds max的分辨率。

● Output resolution：输出分辨率。这个选项在不勾选Get resolution from MAX选项的时候可以被激活，可以根据需要设置VRay渲染器使用的分辨率。

● Show Last VFB：显示上次渲染的VFB窗口。

● Render to V-Rayraw image file：渲染到VRay图像文件。

● Generate preview：生成预览。

● Save separate G-Buffer channels：保存单独的G-缓存通道。勾选该选项允许操作者在

G-缓存中指定的特殊通道作为一个单独的文件保存在指定的目录。

2.2　V-Ray：Global switches卷展栏

V-Ray：Global switches(全局设置)卷展栏如图2-4
所示，该卷展栏主要是对场景中的灯光物体、材质反
射/折射属性、物体实现置换开关、间接照明等的总
体控制。下面我们将详细讲解其中主要参数的作用。

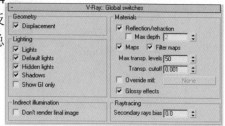

图2-4

2.2.1　Geometry组

Displacement：决定是否使用VRay自己的置换贴图。注意这个选项不会影响3ds max自
身的置换贴图。

> 注意：通常在测试渲染或场景中没有使用VRay的置换贴图时此参数不必开启。

2.2.2　Light组

灯光设置组中的各项参数主要控制着全局灯光和阴影的开启或关闭。

● Lights：场景灯光开关，勾选时表示渲染时计算场景中所有的灯光设置；取消勾选
后，场景中只受默认灯光和天光的影响。
● Default lights：默认灯光开关，此选项决定VRay渲染是否使用max的默认灯光，通
常情况下需要被关闭。
● Hidden lights：是否使用隐藏灯光。勾选的时候系统会渲染场景中的所有灯光，无
论该灯光是否被隐藏。

> 注意：在处理灯光较多的场景时，为了操作方便会将灯光全部隐藏起来，但如果在渲
> 染时未选择Hidden lights选项，则得到的图像会由于只有天空照明而没有其他灯
> 光照明显得非常黑，这也是许多初学者非常容易犯的错误之一，所以一旦在渲
> 染时遇到这样的效果，首先应该检查此选项的选择状态。

● Shadows：决定是否渲染灯光产生的阴影。
● Show GI only：决定是否只显示全局光。勾选的时候直接光照将不包含在最终渲染
的图像中。

2.2.3　Materials组

材质设置组中的各项参数主要对场景的材质进行基本控制。

● Reflection/refraction：为VRay材质的反射和折射设置开关。取消勾选，场景中的
VRay材质将不会产生光线的反射和折射，如图2-5所示。

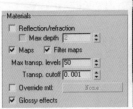

图2-5

注意：这个反射/折射开关只对VRay材质起作用，对MAX默认材质不起作用。

● **Max depth**：最大深度。通常情况下，材质的最大深度在材质面板中设置，当勾选此选项后，最大深度将由此选项控制。

● **Maps**：是否使用纹理贴图。不勾选表示不渲染纹理贴图。不勾选此选项时效果如图2-6所示。

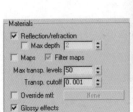

图2-6

● **Filter maps**：是否使用纹理贴图过滤。勾选之后材质效果将显得更加平滑。

● **Max transp levels**：最大透明程度。控制透明物体被光线追踪的最大深度。

● **Transp cutoff**：透明度中止。控制对透明物体的追踪何时中止。

提示：当Max. transp levels和Transp. cutoff两个参数保持默认时，具有透明材质属性的物体将正确显示其透明效果。

● **Override mtl**：材质替代。勾选这个选项的时候，允许用户通过使用后面的材质槽指定的材质来替代场景中所有物体的材质来进行渲染。在实际工作中，常使用此参数来渲染白模，以观察大致灯光、场景明显效果，如图2-7所示。

图2-7

2.2.4　Indirect illumination组

● **Don't render final image**：不渲染最终的图像。勾选的时候，VRay只计算相应的全局光照贴图(光子贴图、灯光贴图和发光贴图)。这对于渲染动画过程很有用。如图2-8所示分别为勾选和未勾选此选项时的效果，可以看到勾选此选项时没有渲染最终的图像。

图2-8

2.2.5　Raytracing组

● **Secondary rays bias**：二次光线偏移距离。设置光线发生二次反弹的时候的偏移距离。

> 注意：当V-Ray：Indirect illumination(GI)卷展栏中的GI中开关关闭时，此选项对场景没有影响。

2.3 V-Ray：Image sampler卷展栏

V-Ray：Image sampler(采样设置)卷展栏也就是常说的抗锯齿设置卷展栏，如图2-9所示。在这个卷展栏中可以通过对采样方式和过滤器的设置来控制渲染图像最终的图面品质。下面我们将详细讲解其中主要参数的作用。

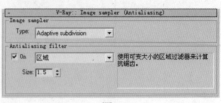

图2-9

2.3.1 Image sampler(采样设置)组

在Image sampler(采样设置)组中包含了3种采样算法。

- Fixed：固定比率采样器。这是VRay中最简单的采样器，对于每一个像素它使用一个固定数量的样本。

> 注意：通常进行测试渲染时使用此选项。

- Adaptive QMC：自适应QMC采样器。这个采样器根据每个像素和它相邻像素的亮度差异产生不同数量的样本。选择此选项后，出现与其相关的 Adaptive QMC卷展栏如图2-10所示，通过控制其中的参数可以控制成品品质。

- Adaptive subdivision sampler：自适应细分采样器。在没有VRay模糊特效(直接GI、景深、运动模糊等)的场景中，它是最好的首选采样器。选择此选项后，出现与其相关的卷展栏，如图2-11所示，通过控制其中的参数可以控制成品品质。

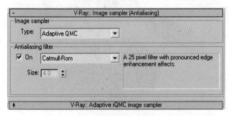

图2-10

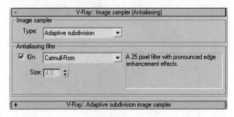

图2-11

2.3.2 Antialiasing filter(过滤方式设置)组

在Antialiasing filter(过滤方式设置)组中包含了14种过滤方式，如图2-12所示。下面我们介绍一些常用的抗锯齿过滤器。

- 区域：区域过滤器，这是一种通过模糊边缘来达到抗锯齿效果的方法，使用区域的大小设置来设置边缘的模糊 程度。区域值越大，模糊程度越强烈。测试渲染时最常用的过滤器。效果如图2-13所示。

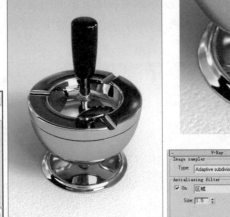 

图2-12 图2-13

● Mitchell-Netravali：可得到较平滑的边缘(很常用的过滤器)。效果如图2-14所示。

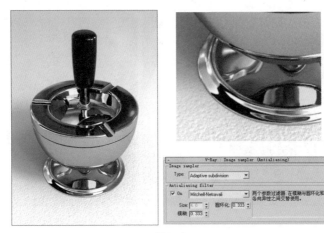

图2-14

● Catmull Rom：可得到非常锐利的边缘(常被用于最终渲染)。效果如图2-15所示。

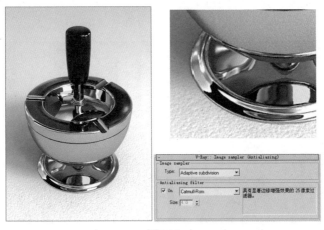

图2-15

是否开启抗锯齿参数，对于渲染时间的影响很大，笔者通常习惯于在灯光、材质调整完成后，先在未开启抗锯齿的情况下渲染一张大图，等所有细节都确认没有问题的情况下，再使用较高的抗锯齿参数渲染最终大图。如图2-16所示的图像在未开启抗锯齿参数的情况下，渲染时间为4分11秒；而在其他参数不变的情况下，使用较高的抗锯齿参数渲染花费了半个多小时，效果如图2-17所示。

图2-16

图2-17

除了在最终得到高品质图像时要开启抗锯齿选项，如果需要观察反射模糊效果，同样需要开启，如图2-18所示为未开启时的渲染效果，如图2-19所示为开启后的渲染效果，可以看出，开启后能够更加真实地反映地砖的反射模糊效果与质量。

图2-18　　　　　　　　　　　图2-19

2.4　V-Ray：Adaptive subdivision image sampler卷展栏

V-Ray：Adaptive subdivision image sampler(自适应细分采样设置)卷展栏如图2-20所示。

图2-20

> 注意：只有采用Adaptive subdivision（自适应细分)采样器时这个卷展栏才能被激活。

- Min. rate：最小比率，定义每个像素使用的样本的最小数量。
- Max. rate：最大比率，定义每个像素使用的样本的最大数量。
- Clr thresh：极限值，用于确定采样器在像素亮度改变方面的灵敏性。较低的值会产生较好的效果，但会花费较多的渲染时间。
- Randomize samples：边缘，略微转移样本的位置以便在垂直线或水平线条附近得到更好的效果。
- Object outline：物体轮廓，勾选的时候使得采样器强制在物体的边进行超级采样而不管它是否需要进行超级采样。这个选项在使用景深或运动模糊的时候会失效。
- Normals：法向，勾选将使超级采样沿法向急剧变化。

2.5　V-Ray：Indirect illumination卷展栏

V-Ray：Indirect illumination(间接照明设置)卷展栏如图2-21所示，在此卷展栏中可以对全局间接光照进行设置其中，On：决定是否计算场景中的间接光照明。

图2-21

2.5.1　GI caustics(GI焦散控制)命令组

- Reflective：为反射是否产生焦散特效的开关。默认为关闭状态。
- Refractive：为折射是否产生焦散特效的开关。默认为开启状态。

> 注意：GI焦散控制命令组中控制的是由间接照明产生的焦散特效，由直接照明产生的焦散不受这里的参数控制。

2.5.2　Post-processing(后期处理)命令组

这个命令组主要是对间接照明设置增加到最终渲染前进行的一些额外修正。

- Saturation：饱和度，这个参数控制着全局间接照明下的色彩饱和程度。

提示：此参数能够控制场景出现的色溢情况，数值越低色溢的控制效果越好，但过低的数值，可能导致场景中的色彩不饱和，如图2-22所示为此数值为1时的效果，如图2-23所示为此数值为0.6时的渲染效果，可以看出色溢情况得到有效控制。

图2-22   图2-23

● Contrast：对比度，这个参数控制着全局间接照明下的明暗对比度。
● Contrast base：对比度基数，这个参数和Contrast(对比度)参数配合使用。两个参数之间的差值越大，场景中的亮部和暗部对比强度越大。
● Save maps per frame：保存每一帧的贴图。此选项默认为勾选，此时VRay在每一帧渲染结束后，允许自动保存发光贴图、光子贴图、灯光贴图、焦散等GI贴图，而且这些贴图将一直写在相同的文件中。取消勾选后，渲染之后只保存一次贴图。

2.5.3　Primary bounces(一次反弹)设置组

● Multiplier：倍增值，这个参数决定为最终渲染图像贡献多少一次反弹。
● GI engine：一次反弹方法选择列表

2.5.4　Secondary bounces(二次反弹)命令组

● Multiplier：倍增值，确定在场景照明计算中二次反弹的效果，如图2-24所示为GI engine选择Light cache后设置Multiplier数值为0.75时的效果，可以看出场景局部偏暗；如图2-25所示为将此数值调整为1.0时的效果，可以看出场景的暗部得到较好的修正。

图2-24   图2-25

● **GI engine**：二次反弹方法选择列表 `Quasi-Monte Carlo ▼`，其中选择Light cache，在时间与质量方面能够取得平衡。

2.6　V-Ray：Irradiance map卷展栏

V-Ray：Irradiance map(发光贴图)卷展栏如图2-26所示，其中有6个设置组，可以分为设置创建部分和保存及提取使用部分。下面将对其中的主要参数进行讲解。

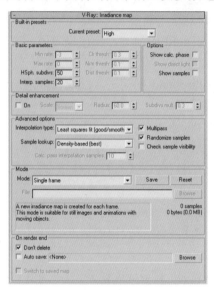

图2-26

2.6.1　Built-in presets组

Built-in presets(设置模式选择)设置组中，Current preset为当前预设模式，系统提供了 8 种系统预设模式可供选择如图2-27所示，如无特殊情况，这8种模式应该可以满足一般需要了。

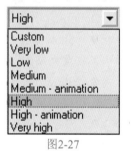

图2-27

● **Very low**：非常低，这个预设模式仅仅对预览目的有用，只表现场景中的普通照明。

● **low**：低，一种低品质的用于预览的预设模式。

● **Medium**：中等，一种中等品质的预设模式，如果场景中不需要太多的细节，大多数情况下可以产生好的效果。

● **Medium animation**：中等品质动画模式，一种中等品质的预设动画模式，目标就是减少动画中的闪烁。

● **High**：高，一种高品质的预设模式，可以应用在最多的情形下，即使是具有大量细节的动画。

● **High animation**：高品质动画，主要用于解决 High 预设模式下渲染动画闪烁的问题。

● **Very High**：非常高，一种极高品质的预设模式，一般用于有大量极细小的细节或极复杂的场景。

● Custom：自定义，选择这个模式，可以根据自己需要设置不同的参数，这也是默认的选项。

2.6.2 Basic parameters组

当预设模式中选择Custom(自定义)模式时，Basic parameters(基本参数)命令组中的参数全部可调。

● Min rate：最小比率，这个参数确定 GI 首次传递的分辨率。

● Max rate：最大比率，这个参数确定 GI 传递的最终分辨率。

● Clr thresh：Color threshold 的简写，颜色极限值，这个参数确定发光贴图算法对间接照明变化的敏感程度。

● Nrm thresh：Normal threshold 的简写，法线极限值，这个参数确定发光贴图算法对表面法线变化的敏感程度。

● Dist thresh：Distance threshold 的简写，距离极限值，这个参数确定发光贴图算法对两个表面距离变化的敏感程度。

● Blur GI：模糊GI，此参数可以对GI进行模糊处理，在渲染动画的时候能大幅度减弱闪烁现象。

● HSph. subdivs：Hemispheric subdivs 的简写，半球细分，这个参数决定单独的 GI 样本的品质。较小的取值可以获得较快的速度，但是也可能会产生黑斑，较高的取值可以得到平滑的图像。

● Interp. samples：Interpolation samples的简写，插值的样本，定义被用于插值计算的 GI 样本的数量。较大的值会趋向于模糊 GI 的细节，虽然最终的效果很光滑，较小的取值会产生更光滑的细节，但是也可能会产生黑斑。

2.6.3 Options组

Options选项命令组主要控制着GI计算过程中的视图显示方式。

● Show calc phase：显示计算相位。勾选的时候，VRay在计算发光贴图的时候将显示发光贴图的传递。同时会减慢一点渲染计算，特别是在渲染大的图像的时候。

● Show direct light：显示直接照明，只在 Show calc phase 勾选的时候才能被激活。它将促使VRay在计算发光贴图的时候，显示一次反弹除了间接照明外的直接照明。

● Show samples：显示样本，勾选的时候，VRay将在VFB窗口以小原点的形态直观地显示发光贴图中使用的样本情况。

2.6.4 Advanced Options组

Advanced Options(高级选项)组主要对发光贴图的样本进行高级控制。

● Interpolation type：插补类型，系统提供了 4 种类型供选择，如图2-28所示。

● Sample lookup：样本查找，这个选项在渲染过程中使用，它决定发光贴图中被用于插补基础的合适的点的选择方法。系统提供了4种方法供选择，如图2-29所示。

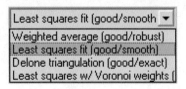
图2-28

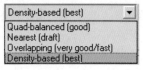
图2-29

● Calc. pass interpolation samples：计算传递插补样本，在发光贴图计算过程中使用，它描述的是已经被采样算法计算的样本数量。较好的取值范围是10～25。

● Multipass：倍增设置，勾选状态下，发光贴图GI计算的次数将由Min rate和Max rate的间隔值决定。取消勾选后，GI预处理计算将合并成一次完成。

● Randomize samples：随机样本，在发光贴图计算过程中使用，勾选的时候，图像样本将随机放置，不勾选的时候，将在屏幕上产生排列成网格的样本。默认勾选，推荐使用。

● Check sample visibility：检查样本的可见性，在渲染过程中使用。它将促使VRay仅仅使用发光贴图中的样本，样本在插补点直接可见。可以有效地防止灯光穿透两面接受完全不同照明的薄壁物体时候产生的漏光现象。当然，由于VRay要追踪附加的光线来确定样本的可见性，所以它会减慢渲染速度。

2.6.5　Mode组

Mode模式工作组共提供了6种渲染模式，如图2-30所示。

选择哪一种模式需要根据具体场景的渲染任务来确定，不可能一个固定的模式能适合所有的场景。

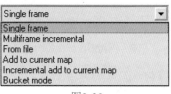
图2-30

● Single frame：单帧模式，默认的模式，在这种模式下对于整个图像计算一个单一的发光贴图，每一帧都计算新的发光贴图。在分布式渲染的时候，每一个渲染服务器都各自计算它们自己的针对整体图像的发光贴图。

● Multiframe incremental：多重帧增加模式，这个模式在渲染那些仅摄像机移动的帧序列的时候很有用。VRay将会为第一个渲染帧计算一个新的全图像的发光贴图，而对于剩下的渲染帧，VRay设法重新使用或精炼已经计算了的存在的发光贴图。

● From file：从文件模式。使用这种模式，在渲染序列的开始帧，VRay简单地导入一个提供的发光贴图，并在动画的所有帧中都使用这个发光贴图。整个渲染过程中不会计算新的发光贴图。

● Add to current map：增加到当前贴图模式。在这种模式下，VRay将计算全新的发光贴图，并把它增加到内存中已经存在的贴图中。

● Incremental add to current map：在已有的发光贴图文件中增补发光信息模式。在这种模式下，VRay将使用内存中已存在的贴图，仅仅在某些没有足够细节的地方对其进行精炼。

● **Bucket mode**：块模式。在这种模式下，一个分散的发光贴图被运用在每一个渲染区域(渲染块)。这在使用分布式渲染的情况下尤其有用，因为它允许发光贴图在几部电脑之间进行计算。

2.6.6　On render end组

On render end命令组主要决定渲染完成之后发光贴图的控制方式。

● **Don't delete**：不删除。此选项默认勾选，意味着发光贴图将保存在内存中直到下一次渲染前，如果不勾选，VRay会在渲染任务完成后删除内存中的发光贴图。

● **Auto save**：自动保存。如果这个选项勾选，在渲染结束后，VRay将发光贴图文件自动保存到指定的目录中。

● **Switch to saved map**：切换到保存的贴图。这个选项只有在Auto save勾选的时候才能被激活，勾选的时候，VRay渲染器也会自动设置发光贴图为From file模式。

2.7　V-Ray：Quasi-Monte Carlo GI卷展栏

V-Ray：Quasi-Monte Carlo GI卷展栏如图2-31所示。

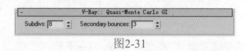

图2-31

注意：这个卷展栏只有在用户选择Quasi-Monte Carlo(准蒙特卡罗) GI 渲染引擎作为一次或二次反弹引擎的时候才能被激活。

● **Subdivs**：细分数值。设置计算过程中使用的近似的样本数量。

注意：当Quasi-Monte Carlo(准蒙特卡罗)渲染引擎作为二次反弹使用时，Subdivs(细分)值的设置对于图面品质将不会产生任何作用。

● **Secondary bounces**：二次反弹深度。这个参数只有当二次反弹设为准蒙特卡罗引擎的时候才被激活。

2.8　V-Ray：Light cache卷展栏

V-Ray：Light cache(灯光缓存)卷展栏如图2-32所示。Light cache(灯光缓存)是一种近似于场景全局照明的技术，它是建立在追踪从摄影机可见的许许多多光线路径的基础上的。它是一种通用的全局光解决方案，可以作为一次反弹直接使用，也可以作为二次反弹与发光贴图结合使用。下面对其中的参数进行详细的讲解。

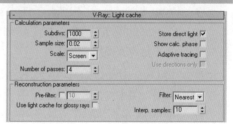

图2-32

提示：这个卷展栏只有在用户选择Light cache(灯光缓存)渲染引擎作为一次或二次反弹引擎的时候才能被激活。

2.8.1 Calculation parameters组

Calculation parameters(基本计算参数)设置组控制着灯光缓存基本计算参数的设置。

● Subdivs：细分。这个参数将决定有多少条摄影机可见的视线路径被追踪到。此参数值越大，图像效果越平滑，但也会增加渲染时间。

● Sample size：样本尺寸。决定灯光贴图中样本的间隔。值越小，样本之间相互距离越近，灯光贴图将保护灯光的细节部分，不过会导致产生噪波，并且占用较多的内存。值越大，效果越平滑，但可能导致场景的光效失真。

● Scale：比例。主要用于确定样本尺寸和过滤器尺寸。提供了Scale和World两种类型。

● Number of passes：灯光缓存计算的次数。如果你的CPU不是双核或没有超线程技术，建议把这个值设为1可以得到最好的结果。

● Store direct light：存储直接光照明信息。这个选项勾选后，灯光贴图中也将储存和插补直接光照明的信息。

● Show calc. phase：显示计算状态。打开这个选项可以显示被追踪的路径。它对灯光缓存的计算结果没有影响，只是可以给用户一个比较直观的视觉反馈。

2.8.2 Reconstruction parameters组

● Pre-filter：预过滤器。勾选的时候，在渲染前灯光贴图中的样本会被提前过滤。其数值越大，效果越平滑，噪波越少。

● Filter：过滤器。这个选项确定灯光贴图在渲染过程中使用的过滤器类型。

● Use light cache for glossy rays：如果打开这项，灯光贴图将会把光泽效果一同进行计算，在具有大量光泽效果的场景中，有助于加快渲染速度。

2.9 V-Ray：Global photon map卷展栏

V-Ray：Global photon map(球形光子贴图)卷展栏如图2-33所示。

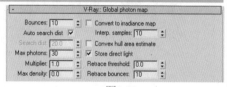

图2-33

> 提示：这个卷展栏只有在用户选择photon map(光子贴图)渲染引擎作为一次或二次反弹引擎的时候才能被激活。

● Bounces：反弹次数，控制光线反弹的次数。较大的反弹次数会产生更真实的效果，但是也会花费更多的渲染时间和占用更多的内存。

● Auto search dist：自动搜寻距离。勾选的时候，VRay会估算一个距离来搜寻光子。

● Search dist：搜寻距离，这个选项只有在Auto search dist不勾选的时候才被激活。

- **Max photons：**最大光子数，这个参数决定在场景中shaded 点周围参与计算的光子的数量，较高的取值会得到平滑的图像，从而增加渲染时间。
- **Multipler：**倍增值，用于控制光子贴图的亮度。
- **Max density：**最大密度，这个参数用于控制光子贴图的分辨率。
- **Convert to irradiance map：**转化为发光贴图。
- **Interp. Samples：**插补样本，这个选项用于确定勾选Convert to irradiance map选项的时候，从光子贴图中进行发光插补使用的样本数量。
- **Convex hull area estimate：**勾选后，可以基本上避免因此而产生的黑斑，但是同时会减慢渲染速度。
- **Store direct light：**存储直接光，在光子贴图中同时保存直接光照明的相关信息。
- **Retrace threshold：**折回极限值，设置光子进行来回反弹的倍增的极限值。
- **Retrace bounces：**折回反弹，设置光子进行来回反弹的次数。数值越大，光子在场景中反弹次数越多，产生的图像效果越细腻平滑，但渲染时间就越长。

2.10　V-Ray：Caustics卷展栏

V-Ray：Caustics(焦散)卷展栏如图2-34所示。

- **On：**焦散开关，勾选后开启焦散设置，焦散参数可用。

图2-34

- **Multiplier：**倍增值，控制焦散的强度，它是一个全局控制参数，对场景中所有产生焦散特效的光源都有效。如图2-35所示分别为将倍增值设置为1.0和4.0时的效果，可以明显地看到随着数值的增加焦散强度增强了。

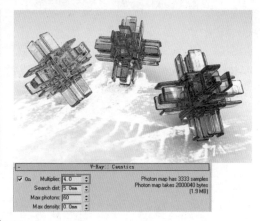

图2-35

- **Search dist：**搜寻距离，VRay的渲染过程中，对物体表现进行光子追踪，同时影响以初始光子为圆心，以Search dist(搜寻距离)为半径，和这个初始光子同一平面的一定范围内的其他光子。Search dist(搜寻距离)设置值的大小，决定了光子影响的范

围。值越大，光子影响范围越大，光斑效果弱化。如图2-36所示分别为将搜寻距离
设置为1和30时的效果。

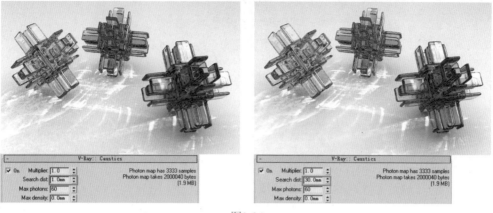

图2-36

● Max photons：最大光子数，当VRay追踪撞击在物体表面的某些点的某一个光子的
时候，也会将周围区域的光子计算在内，然后根据这个区域内的光子数量来均分照
明。如果设置的影响范围内现有的光子数量超过了最大的光子数量，VRay也只会
按照最大光子数进行计算。最大光子数越小，光斑现象越明显。如图2-37所示分别
为将最大光子数设置为10和200时的效果。

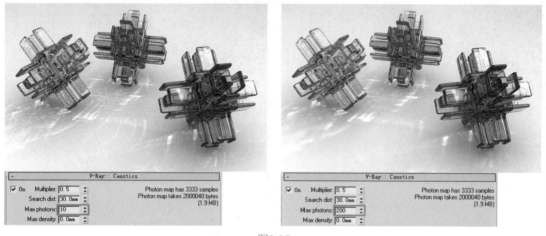

图2-37

● Max density：最大距离，是光子与光子之间的距离设置。当VRay追踪计算一定范
围内的光子时，会同时计算出光子周围的光子，而这个光子与光子之间的距离设置
控制着光子的密集度。数值越高意味着光子间的距离越大，斑点越严重。

2.11　V-Ray：Environment卷展栏

V-Ray：Environment(环境)卷展栏如图2-38所示。

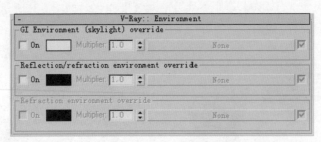

图2-38

2.11.1 GI Environment (skylight) override[GI 环境(天空光)]选项组

GI Environment (skylight) override[GI 环境(天空光)]选项组，允许在计算间接照明的时候替代 3ds max 的环境设置，这种改变 GI 环境的效果类似于天空光。

● **On**：只有在这个选项勾选后，其下的参数才会被激活。

● **Color**：允许指定背景颜色(即天空光的颜色)。如图2-39所示分别为将颜色设置为蓝色和黄色时的效果。

图2-39

● **Multiplier**：倍增值，上面指定的颜色的亮度倍增值。如图2-40所示分别为将倍增值设置为1.0和3.0时的效果。

● **Map**：材质槽，允许指定背景贴图。添加贴图后，系统会忽略颜色的设置，优先选择贴图的设置。为其添加HDRI贴图后的效果如图2-41所示。

图2-40

图2-41

2.11.2　Reflection/refraction environment override(反射/折射环境)选项组

Reflection/refraction environment override(反射/折射环境)选项组，在计算反射/折射的时候替代 max 自身的环境设置。

- On：只有在这个选项勾选后，其下的参数才会被激活，如图2-42所示。

图2-42

● Color：指定反射/折射颜色。物体的背光部分和折射部分会反映出设置的颜色，如图2-43所示。

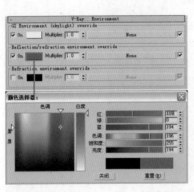

图2-43

● Multiplier：倍增值，上面指定的颜色的亮度倍增值。改变受影响部分的整体亮度和受影响的程度，如图2-44所示。

图2-44

● None：材质槽，指定反射/折射贴图。为其添加HDRI贴图后的效果如图2-45所示。

图2-45

2.11.3　Refraction environment override(折射环境)选项组

Refraction environment override(折射环境)选项组，在计算折射的时候替代已经设置的参数对折射效果的影响，只受此选项组参数的控制。

● On：只有在这个选项勾选后，其下的参数才会被激活。

● Color：指定折射部分的颜色。物体的背光部分和反射部分不受该颜色的影响，如图2-46所示。

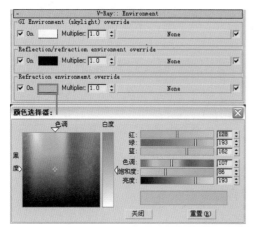

图2-46

● Multiplier：倍增值，上面指定的颜色的亮度倍增值，可以改变折射部分的亮度，如图2-47所示。

图2-47

● None：材质槽，指定折射贴图。为其添加HDRI贴图后的效果如图2-48所示。

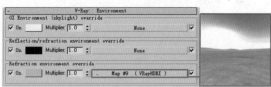

图2-48

2.12 V-Ray：Color mapping卷展栏

V-Ray：Color mapping(色彩映射)卷展栏如图
2-49所示，在该卷展栏中可以整体控制渲染的曝光方
式，而且可以分别通过设置直接受光部分和背光部分
曝光的倍增参数，来整体调整图像画面的明亮度和对
比度。下面就来就其中的参数进行详细的讲解。

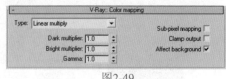

图2-49

2.12.1 认识曝光方式

Type中包含了7种曝光方式，这里着重介绍其中的4种。

● Linear multiply：线性倍增曝光方式，这种曝光方式的特点是能让图面的白色更明
亮，所以该模式容易出现局部曝光现象，效果如图2-50所示。

● Exponential：指数曝光方式。在相同的设置参数下，使用这种曝光方式不会出现局部曝光现象，但是会使图面色彩的饱和度降低。效果如图2-51所示。

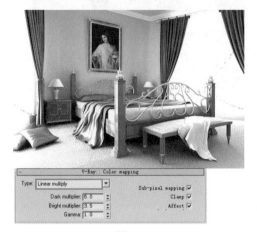
图2-50

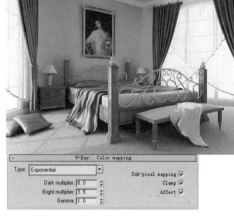
图2-51

● HSV exponential：色彩模型曝光方式。所谓HSV就是Hus(色度)、Saturation(饱和度)和Value(纯度)的英文缩写。这种方式与上面提到的指数模式非常相似，但是它会保护色彩的色调和饱和度。效果如图2-52所示。

● Intensity exponential：亮度指数曝光方式，这是与指数曝光类似的颜色贴图计算方式，在亮度上有一些保留。效果如图2-53所示。

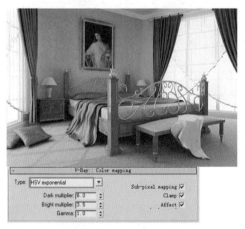
图2-52

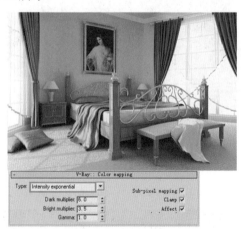
图2-53

提示：在实际的室内效果图制作过程中前3种曝光方式比较常用。如图2-54所示分别为采用Linear multiply和Exponential两种曝光方式进行合理设置后得到的理想效果。

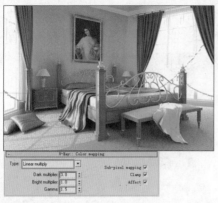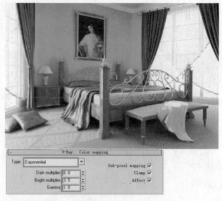

图2-54

2.12.2　认识倍增参数

- **Dark multiplier**：暗部倍增，用来对暗部进行亮度倍增。如图2-55所示为Bright multiplier数值不变的情况下，分别将Dark multiplier设置为3.0与7.5时的渲染效果。

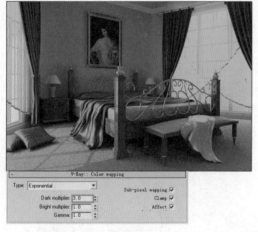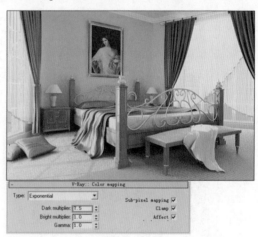

图2-55

- **Bright multiplier**：亮部倍增，用来对亮部进行亮度倍增。如图2-56所示为Dark multiplier数值不变的情况下，分别将Bright multiplier设置为1.0与3.2时的渲染效果。

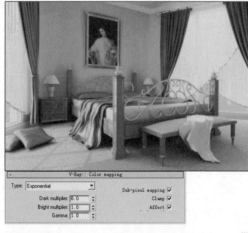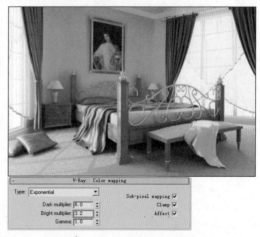

图2-56

2.12.3　其他选项作用

● **Affect background**：影响背景，当关闭该选项时颜色贴图将不会影响到背景的颜色。

● **Clamp output**：固定输出，默认为开启状态，表示当Color mapping卷展栏中设置完成后，图面的颜色将固定下来。

2.13　V-Ray：Camera卷展栏

V-Ray：Camera(摄影机)卷展栏如图2-57所示。

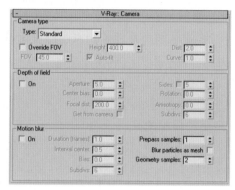

图2-57

2.13.1　Camera type(摄影机类型)选项组

● **Type**：摄像机类型。一般情况下，VRay中的摄像机是定义发射到场景中的光线，从本质上来说是确定场景是如何投射到屏幕上的。VRay 支持几种摄像机类型，如标准(Standard)、球形(Spherical)、点状圆柱(Cylindrical point)、正交圆柱(Cylindrical ortho)、方体(Box)、鱼眼(Fish eye)和扭曲球状(warped spherical)，同时也支持正交视图。

● **Override FOV**：替代视场，使用这个选项，可以替代 3ds max 的视角。

● **FOV**：视角。

● **Height**：高度，这个选项只有在正交圆柱状的摄像机类型中有效，用于设定摄像机的高度。

● **Auto-fit**：自动适配，这个选项在使用鱼眼类型摄像机的时候被激活。

● **Dist**：距离，这个参数是针对鱼眼摄像机类型的。

● **Curve**：曲线，这个参数也是针对鱼眼摄像机类型的。

2.13.2　Depth of field(景深)选项组

● **Aperture**：光圈，使用世界单位定义虚拟摄像机的光圈尺寸。

● **Center bias**：中心偏移，这个参数决定景深效果的一致性。

● **Focal distance**：焦距，确定从摄像机到物体被完全聚焦的距离。

● **Get from camera**：从摄像机获取，当这个选项激活的时候，如果渲染的是摄像机视图，焦距由摄像机的目标点确定。

- Side：边数，这个选项让你模拟真实世界摄像机的多边形形状的光圈。
- Rotation：旋转，指定光圈形状的方位。
- Anisotropy：各向异性。当设置为正数时在水平方向延伸景深效果；当设置为负数时在垂直方向延伸景深效果。
- Subdivs：细分，用于控制景深效果的品质。

2.13.3 Motion blur(运动模糊)选项组

- Duration(frames)：持续时间，在摄像机快门打开的时候指定在帧中持续的时间。
- Interval center：间隔中心点，指定运动模糊中心与帧之间的距离。
- Bias：偏移，控制运动模糊效果的偏移。
- Prepass samples：计算发光贴图的过程中在时间段有多少样本被计算。
- Blur particles as mesh：将粒子作为网格模糊，用于控制粒子系统的模糊效果。
- Geometry samples：几何学样本数量，设置产生近似运动模糊的几何学片断的数量。
- Subdivs：细分，确定运动模糊的品质。

2.14 V-Ray：rQMC Sampler 卷展栏

V-Ray：rQMC Sampler (准蒙特卡罗设置)卷展栏如图2-58所示。

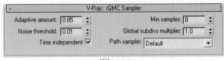

图2-58

- Adaptive amount：数量，控制计算模糊特效采样数量的范围，值越小，渲染品质越高，渲染时间越长。值为1时，表示全应用；值为0时，表示不应用。
- Min samples：最小样本数，决定采样的最小数量。一般设置为默认值就可以了。
- Noise threshold：噪波极限值，在评估一种模糊效果是否足够好的时候，控制VRay的判断能力，此数值对于场景中的噪点控制非常有效(但并非噪点的唯一控制参数)。图2-59所示为将此数值设置为0.1渲染效果，图2-60所示为设置此数值为0.01时得到的效果，图2-61所示为设置参数为0.001所得到的效果。

图2-59

图2-60

图2-61

> 提示：数值越小，图像的渲染时间越长。

● Global subdivs multiplier：全局细分倍增，可以通过设置这个数值来很快地增加或减小整体的采样细分设置。这个设置将影响全局。

● Time independent：时间约束设置，这个设置开关针对渲染序列帧有效。

2.15 V-Ray：Default displacement卷展栏

V-Ray：Default displacement(置换设置)卷展栏如图2-62所示。下面对其中的参数进行详细讲解。

图2-62

> 提示：VRay通过两个设置面板控制置换的效果，一是渲染面板里的置换设置，二是通过对需要置换的物体添加VRayDisplacementMod(置换修改器)进行控制。

● Override Max's：替代max，勾选的时候，VRay将使用自己内置的微三角置换来渲染具有置换材质的物体。反之，将使用标准的3ds max置换来渲染物体。如图2-63所示分别为不勾选和勾选此选项时的效果。

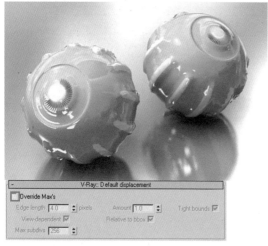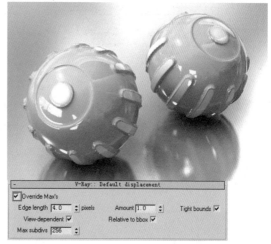

图2-63

● Edge length：边长度，用于确定置换的品质。值越小，产生的细分三角形越多，更多的细分三角形意味着，置换时渲染的图面效果体现出更多的细节，同时需要更长的渲染时间，如图2-64所示分别为将边长度设置为2和20时的效果。

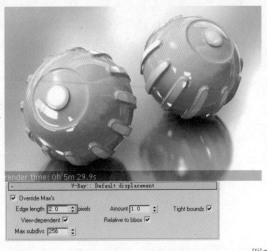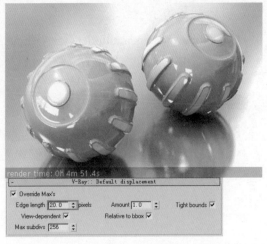

图2-64

提示：置换物体面积比较大、细节比较多时此参数的影响效果更加明显。

● **View-dependent**：视图依据，当这个选项勾选的时候，以pixels像素为单位，确定细分三角形边的最大长度；场景的系统单位为mm；当该选项不被勾选时，将用系统单位来衡量细分三角形的最长边，如图2-65所示。

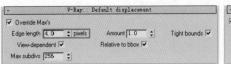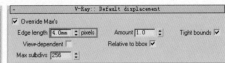

图2-65

● **Max. subdivs**：最大细分数量，控制从原始的网格中产生出来的细分三角形的最大数量。输入值是以平方的方式来计算细分三角形的数量。细分值小，导致图面细节少，渲染速度快。

● **Amount**：数量设置，这个选项决定置换的幅度。如图2-66所示分别为将数量设置为-0.5和2.0时的效果。

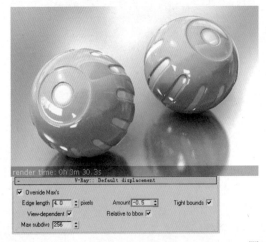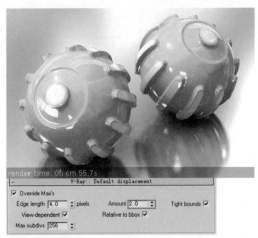

图2-66

- Relative to bbox：这个选项用来对Amount设置值进行单位切换。
- Tight bounds：当这个选项勾选的时候，VRay会对置换贴图进行预先分析。如果置换贴图色阶比较平淡，那么会加快渲染速度；如果置换贴图色阶比较丰富，那么渲染速度会被减慢。

2.16 V-Ray：System卷展栏

V-Ray：System卷展栏为VRay的系统卷展栏，在这里用户可以控制多种VRay参数，如图2-67所示。这个设置面板中包括：光线投射参数设置组、渲染分割区域块设置组、场景元素属性设置组、默认几何学设置组、帧印记设置组等等。下面对其中比较常用的设置进行讲解。

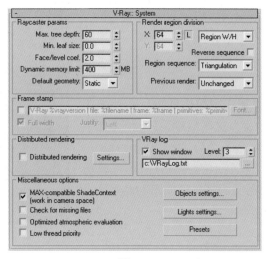

图2-67

2.16.1 Raycaster parameters(光线投射参数)设置组

在Raycaster parameters(光线投射参数)设置组中可以控制VRay二元空间划分树(BSP树)的相关参数。默认系统设置是比较合理的设置，一般使用默认设置就可以了。

2.16.2 Render region division(渲染分割区域块)设置组

在这个选项组中可以控制渲染分割区域(块)的各种参数。这些渲染分割区域块正是VRay分布式渲染系统的基础部分。每一个渲染分割区域块都是以矩形的方式出现，并且每一块相对其他块都是独立的，分布式渲染的另一个特点就是，如果是多个CPU设置的话，渲染分割区域块可以设置分布在多个CPU进行处理，以高效地利用资源。如果场景中有大量的置换贴图物体、VRayProxy或VRayFur物体时，系统默认的方式是最好的选择。这个设置组只是设置渲染过程中的显示方式，不影响最后的渲染结果。

- X：当选择Region W/H模式的时候，以像素为单位确定渲染块的最大宽度；在选择Region Count模式的时候，以像素为单位确定渲染块的水平尺寸。
- Y：当选择Region W/H模式的时候，以像素为单位确定渲染块的最大高度；在选择Region Count模式的时候，以像素为单位确定渲染块的垂直尺寸。

- Region sequence：渲染块次序，确定在渲染过程中块渲染进行的顺序。其中 Top->Bottom 为从上到下渲染；Left->Right 为从左到右渲染；Checker 为以类似于棋盘格子的顺序渲染；Spiral 为以螺旋形顺序渲染；Triangulation 为以三角形的顺序渲染；Hilbert curve 为以希耳伯特曲线的计算顺序执行渲染。

- Reverse sequence：为反向顺序，勾选后将采取与Region sequence设置相反的顺序进行渲染。

- Previous render：这个参数确定在渲染开始的时候，在帧缓冲中以什么样的方式显示先前渲染图像，从而方便我们区分和观察两次渲染的差异。

2.16.3　Frame stamp(帧印记)设置组

帧印记设置组也就是水印设置，可以设置在渲染输出的图像下侧记录这个场景的一些相关信息。

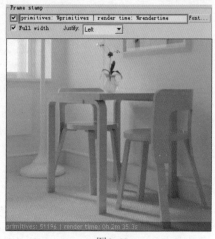

- Font：设置显示信息的字体。

- Full width：显示占用图像的全部宽度，否则显示文字实际宽度。

- Justify：指定文字在图像中的位置。Left为文字居左，Center为文字居中，Right为文字居右。

帧印记只有一行，所以显示的内容有限，可以通过设置信息编辑框来得到需要的信息，如图2-68所示。

图2-68

2.16.4　Distributed rendering(分布式渲染)设置组

分布式渲染是在几台计算机上同时渲染同一张图片的过程。实现分布式渲染要满足的条件是：在多台设备中同时安装了3ds max和VRay，而且是相同的版本；多台参与计算的设备上相关软件(VRaySpaner)已经成功开启，运行正常。

- Distributed rendering：勾选该选项后开启分布式渲染。

- Settings：单击此按钮可以弹出VRay Networking settings对话框，在对话框中可以添加或删除进行分布式渲染的计算机。

2.16.5　VRay log(日志)设置组

VRay渲染过程中会将各种信息都记录下来保存到VRay log中方便查阅。

- ☑ Show window 为是否显示信息窗口，勾选为显示。

- Level: 3 为显示级别：1为显示错误信息；2为显示错误信息和警告信息；3为显示错误、警告和情报信息；4为显示所有信息。

- c:\VRayLog.txt ... 为保存路径。

2.16.6 Miscellaneous options设置组

- MAX-compatible ShadeContext(work in camera space)：默认为勾选状态下，一般可以得到较好的兼容性。

- Check for missing files：检查缺少的文件，勾选的时候，VRay会试图在场景中寻找任何缺少的文件，并把它们列表。

- Optimized atmospheric evaluation：勾选这个选项，可以使VRay优先评估大气效果，而大气后面的表面只有在大气非常透明的情况下才会被考虑着色。

- Low thread priority：低线程优先，勾选的时候，将促使 VRay在渲染过程中使用较低的优先权的线程，避免抢占系统资源。

- Object Settings： 物体设置，单击会弹出VRay object properties对话框，如图2-69所示。在这个对话框中可以设置VRay 渲染器中每一个物体的局部参数，这些参数都是在标准的3ds max物体属性面板中无法设置的，例如GI、焦散、直接光照、反射、折射等属性。

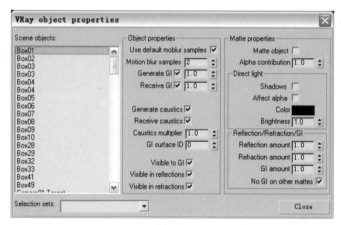

图2-69

- Light Settings： 灯光设置，单击会弹出VRay light properties对话框，如图2-70所示。在这个对话框中可以为场景中的灯光指定焦散或全局光子贴图的相关参数设置，左边是场景中所有可用光源的列表，右边是被选择光源的参数设置。还有一个 max 选择设置列表，可以很方便有效地控制光源组的参数。 其中Generate caustics: ☑ 勾选时产生焦散；Caustic subdivs: 1500 为焦散细分值，增大该值将减慢焦散光子贴图的计算速度；Caustics multiplier: 1.0 为焦散倍增，增大数值表示灯光产生焦散的能力增加。

- Presets：VRay预设，单击会弹出VRay Presets对话框，如图2-71所示。在这个对话框中你可以将VRay的各种参数保存为一个text文件，方便快速地再次导入它们。

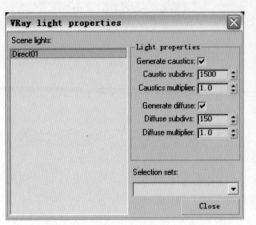

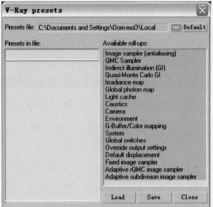

图 2-70   图2-71

第 章　掌握VRay灯光及阴影

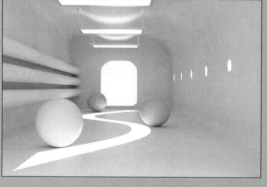

3.1 认识VRay灯光

单击创建面板的"灯光"按钮，在下拉列表中选择VRay就会出现VRay灯光的列表如图3-1所示。这里我们主要介绍VRayLight的参数，如图3-2所示。

图3-1

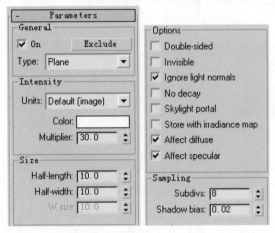

图3-2

下面将主要讲解VRayLight的各项参数的作用。场景文件为本书所附光盘提供的"实例\第3章\VR灯光场景\灯光场景.max"文件,如图3-3所示。

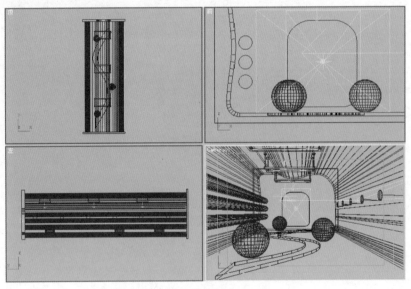

图3-3

3.1.1 General参数组

● On：开启或关闭VRayLight。只有被勾选时灯光设置才对场景起作用。如图3-4所示分别为在主光"VRayLight01"的参数设置中勾选和未勾选此选项时的效果。

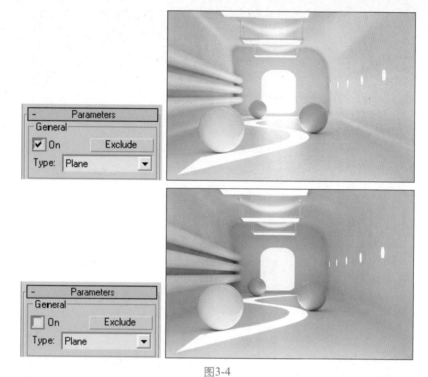

图3-4

● Exclude：为排除设置，可以设置场景中的任何物体是否受某个灯光的照明和阴影的影响。如图3-5所示分别将所有灯光的参数设置中对物体管状物体进行照明和阴影进行排除设置的效果。

 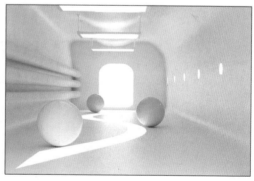

图3-5

● Type：VRayLight类型。其中有三种光源类型，即Plane(平面)、Dome(圆顶形)和Sphere(球形)。其中比较常用的为Plane和Sphere两种类型。

3.1.2 Intensity参数组

● Color：定义VRayLight光线颜色。效果如图3-6所示。

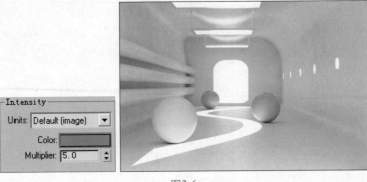

图3-6

- **Multiplier**：VRayLight倍增器，数值越大发光效果就越强烈。如图3-7所示分别为将主光VRayLight01的倍增值设置为1和6时的效果。

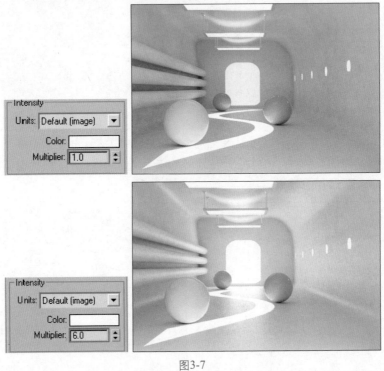

图3-7

提示：从图中可以看到随着倍增值的增加场景明显变亮了。

- **Size组**：设置VRayLight的尺寸。当灯光类型为Plane时，可以设置平面光源的长度和宽度。当灯光类型为Sphere时，可以设置球形光源的半径。如图3-8所示为对主光VRayLight01的长度和宽度进行设置后产生的效果。

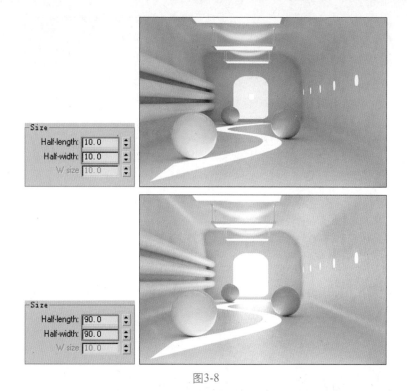

图3-8

提示：从渲染效果中发现"VRayLight01"的尺寸越大场景越亮。

3.1.3　Options参数组

- Double-side：当VRayLight使用面光源时，开启此选项可以产生双面发光，否则只有VRay导向箭头指向的面才会发光。如图3-9、3-10所示分别为在VRayLight03、VRayLight04和VRayLight05的参数设置中不勾选和勾选此选项所产生的效果。

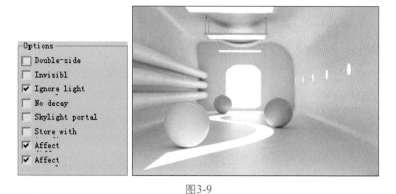

图3-9

提示：从图3-9中可以发现不开启双面选项时，面光源只有向下(箭头所指方向)发射光线。

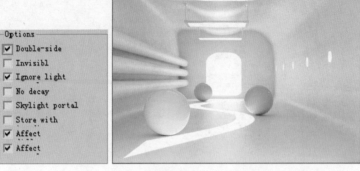

图3-10

> 提示：从图3-10中可以发现开启双面选项后，面光源上下两面都发光。

- **Invisibl**：光源隐藏，开启此选项时可以在保留光照的情况下将光源隐藏，否则会显示光源模型。如图3-11所示分别为在VRayLight03、VRayLight04和VRayLight05的参数设置中不勾选和勾选此选项所产生的效果。

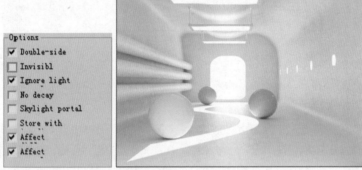

从图中可以发现不开启"光源隐藏"选项，光源可见

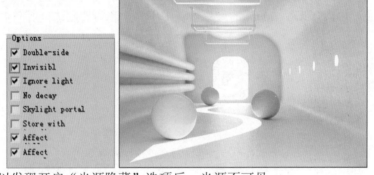

从图中可以发现开启"光源隐藏"选项后，光源不可见

图3-11

- **Ignore light**：光源法线处理，可以控制VRay对光源法线的调节，系统为使渲染结果平滑，通常默认开启此项。
- **No decay**：无衰减。一般情况下灯光亮度会按照与光源距离平方的倒数方式进行衰减，勾选此选项后，灯光的强度不会随距离而衰减。如图3-12所示分别为在主光

VRayLight01的参数设置中未勾选和勾选此选项时的效果。

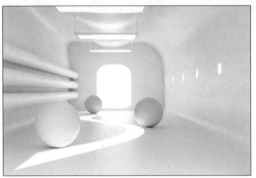

图3-12

● Skylight protal：开启天光入口。开启后灯光的颜色和倍增值参数会被忽略，而是以环境光的颜色和亮度为准，如图3-13所示。

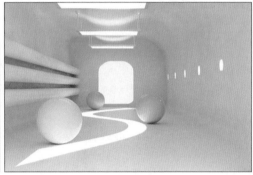

图3-13

● Store with：开启此选项将保存当前灯光信息储存至最终光子贴图中。

3.1.4 Sampling参数组

● Subdivs：VRayLight的采样数值，数值越大画面质量越高，渲染速度越慢。如图3-14所示为灯光细分值为1时的测试渲染效果，如图3-15所示为细分值为20时的效果，可以看出数值越大最后得到的效果越细腻，当然渲染所花费的时间也将越长。

图3-14　　　　　　　　　　　　　　　　　图3-15

注意：要得到细腻的效果除了要提高灯光的细分值外，还需要调整其他参数，这些参数将在以后的章节中陆续讲解。

● Shadow bias：为阴影偏移，这个参数控制物体的阴影渲染偏移程度。偏移值越低，阴影的范围越大，越模糊；偏移值越高，阴影范围越小，相对越清晰。如图3-16所示为对VRayLight01及VRayLight02的阴影偏移值进行设置后的效果。

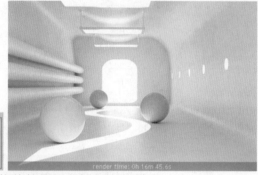

阴影偏移值为0.02时，场景中物体的阴影范围很大很模糊

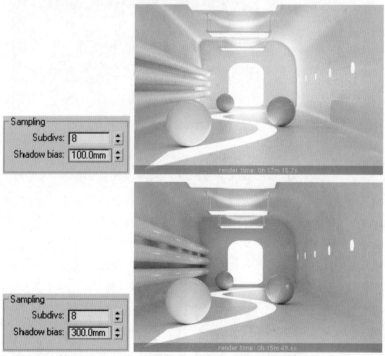

从图中可以发现随着阴影偏移值的增加，阴影的范围越来越小，越来越清晰

图3-16

3.2　认识VRay阴影

VRayShadows阴影类型常被用来配合3ds max自带灯光在VRay渲染器中的渲染，由于3ds max光线跟踪阴影并不能用VRay渲染器渲染出来，为了达到更好的渲染效果和更短的渲染时间，当使用3ds max自带灯光类型时，最好设置阴影类型为VRayShadows。

设置阴影类型为VRayShadows，不但可以完成VRay阴影效果的创建，还能让VRay的置换物体和透明物体投射出正确的阴影效果。

不论是标准灯光还是光度学灯光，当在选择了VRayShadows阴影类型后，都会出现VRayShadows params卷展栏，如图3-17所示。

下面通过一个小的场景来讲解这些参数的作用，场景文件为本书所附光盘提供的"第3章\VR阴影场景\阴影场景.max"文件。如图3-18所示。

图3-17

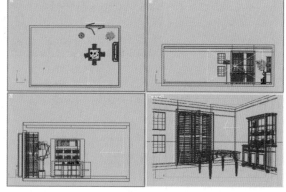
图3-18

提示：场景中的"目标平行光"被作为主光源，其阴影类型已经设置为VRay Shadows。

● Transparent Shadows：透明阴影开关，当不勾选该选项时，场景的灯光、物体受 **阴影参数** (标准灯光阴影)卷展栏的控制，如图3-19所示；当勾选此选项后，场景的灯光、物体不受 **阴影参数** 卷展栏的控制，如图3-20所示。

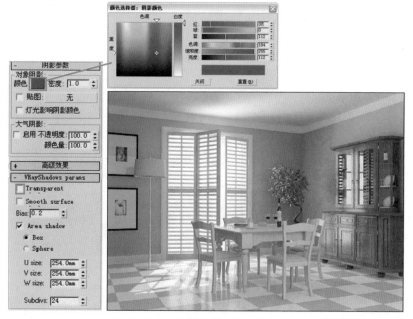
图3-19

图3-20

> 提示：从图中可以观察到当Transparent Shadows不启用时，场景的背光部分显示为蓝
> 紫色；当Transparent Shadows启用时，场景的背光部分显示为灰色。

- **Smooth surface**：平滑阴影面。开启此选项可以避免投影中的斑点，一般要勾选
  该选项。
- **Bias**：阴影偏移设置，默认为0.2，可以调整数值来控制阴影的偏移大小。如图3-21
  所示为调整平行光阴影偏移值后的效果。

图3-21

提示：VRay可以根据真实的表面灯光来计算阴影，并使之产生微小的偏移，这能够用来防止表面因不正确的自投影而产生的黑点、噪点。

- Area shadow：开启或关闭区域阴影。当勾选此选项时，可以通过选择Box(立方体)或Sphere(球形)这两种方式来调整U size、V size、W size从而控制阴影的效果。
- Box：立方体光源。
- Sphere：球体光源。
- U size：光源U方向尺寸(如果选择球形光源，此数值为球形半径)。
- V size：光源V方向尺寸(如果选择球形光源，此数值无效)。
- W size：光源W方向尺寸(如果选择球形光源，此数值无效)。
- Subdivs：细分，与其他属性的细分值类似，这个值控制VRay将消耗多少样本来计算区域阴影。值越大，噪点越低，需要的渲染时间越长。

当细分值为1时，效果如图3-22所示，可以看到阴影位置的噪点很多。

图3-22

当细分值为16时，效果如图3-23所示，可以看到阴影位置的噪点明显减少，但渲染时间也相对增加了。

图3-23

第 **4** 章 了解VRay材质及贴图

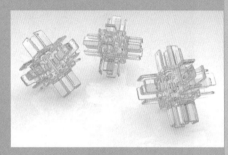

4.1　初步认识VRay材质

在VRay渲染器中使用VRay专用材质可以获得较好的物理上的正确照明、较快的渲染速度以及更方便的反射／折射参数调节，具有质量上佳、上手容易的特色，在图4-1所示的效果图中充分展现了VR强大的材质功能，图4-2所示为场景中经典材质的细节表现。

图4-1

图4-2

VRay专用材质还可以针对接收和传递光能的强度进行控制，防止色溢现象发生。在VRay材质中可以运用不同的纹理贴图，控制反射／折射，增加凹凸和置换贴图，强制直接GI计算，为材质选择不同的BRDF类型等。

下面将介绍3种常用的VRay材质，分别为VRayMtl(VRay专业材质)、VRayLightMtl(VRay灯光材质)和VRayMtlWrapper(VRay材质包裹器)。

4.2　掌握VRayMtl材质

VRayMtl可以替代3ds Max的默认材质，它的突出之处是可以轻松控制物体的模糊反射和折射以及类似蜡烛效果的半透明材质。下面来认识VRayMtl材质的参数。

VRayMtl材质类型的Basic parameters(基本参数)卷展栏如图4-3所示。

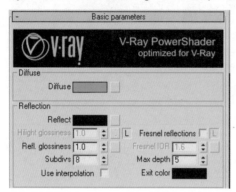

图4-3

1. Diffuse(漫反射)选项组

● **Diffuse**：固有色，也是材质的漫反射，可以使用贴图覆盖。如图4-4所示为设置字块的漫反射颜色后的渲染效果。

图4-4

2. Reflect(反射)选项组

● **Reflect**：VRay使用颜色来控制物体的反射强度，颜色越浅表现物体反射越强烈。黑色代表无反射效果，白色则代表全面反射，可以用贴图覆盖。如图4-5所示为通过调整反射颜色所产生的不同效果。

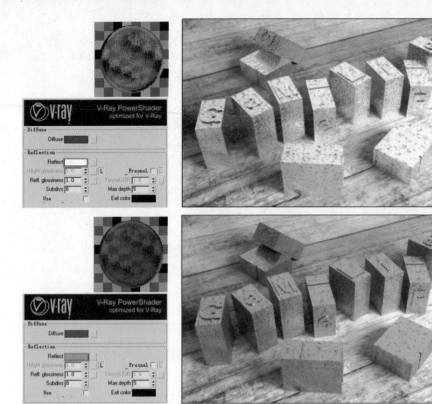

图4-5

● Hilight glossiness：控制VRay材质的高光状态。默认情况下，L形按钮被按下，Hilight glossiness处于非激活状态。数值为1时没有高光，数值越小则高光面积越大。如图4-6所示分别为数值为0.2和0.9时的效果。

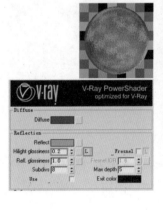

图4-6

提示：数值为0.2时，从图中可以看到金属物体产生了大面积的高光，从而使金属物体整体变亮。数值为0.9时，从图中可以看到金属物体的高光面积明显减小。

● **Refl. glossiness**：反射光泽度。值为1表示是一种完美的镜面反射效果，随着取值的减小，反射效果会越来越模糊。平滑反射的质量由下面的细分参数来控制。如图4-7所示为设置数值为0.7时字块的效果，可以发现金属的反射变模糊了。

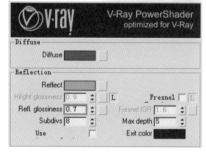

图4-7

● **Subdivs**：控制反射光泽度的品质。较小的取值将加快渲染速度，但会导致更多的噪波。当反射光泽度值为1.0时此数值无意义。如图4-8所示分别为数值设置为1和12时的效果。

图4-8

提示：数值为1时，渲染速度很快，但模糊反射效果很粗糙。数值为12时，渲染速度
明显减慢，但模糊反射效果变得精细了。

- Use interpotation：使用插补，VRay使用一种类似于发光贴图的缓存方案来加快模
糊反射的计算速度，勾选此复选框表示使用缓存方案。
- Fresnel reflections：菲涅耳反射以法国著名的物理学家提出的理论命名的反射方
式，以真实世界反射为基准，随着光线表面法线的夹角接近0º，反射光线也会递减
至消失。如图4-9所示为勾选此选项后的效果。

图4-9

- **Fresnel IOR**：菲涅耳反射率，这个参数在Fresnel reflections复选框后面的L形(锁定)按钮弹起的时候被激活，可以单独设置菲涅耳反射的反射率。如图4-10所示为将菲涅耳反射率调整为5时的效果，可以发现字块的反射明显增强了。

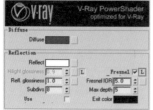

图4-10

- **Max depth**：定义反射能完成的最大次数。注意当场景中具有大量的反射/折射表面的时候，这个参数要设置得足够大才会产生真实的效果。
- **Exit color**：消退颜色，当反射强度大于反射贴图最大深度值时，将反射此设定颜色。

4. Refract(折射)选项组

以下操作均为对场景中杯子的材质进行的调节。

- **Refract(折射)**：VRay使用颜色来控制物体的折射强度，黑色代表无折射效果，白色代表垂直折射即完全透明，可以用贴图覆盖。如图4-11所示将色块调整为白色时，杯子完全透明了。

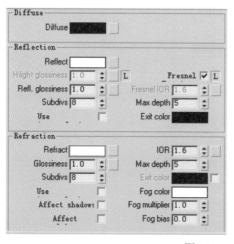

图4-11

> 提示：当折射颜色设置为纯白色时，材质完全透明，材质的漫反射颜色将不再产生作用。如果将折射色块设置为某种颜色，那么将产生带有一定颜色趋向的折射效果。

● Glossiness：折射光泽度，数值越小折射的效果就越模糊，默认为1.0。如图4-12所示将此参数数值设置为0.85时，杯子的折射明显变模糊了。

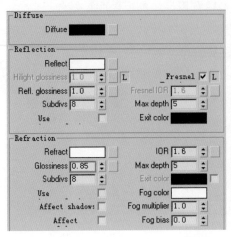 

图4-12

● Subdivs：折射光泽采样值，定义折射光泽的采样数量，较小的取值将加快渲染速度，但会导致更多的噪波。值为1.0垂直折射时此数值无意义。

● IOR：定义材质折射率。将此参数数值设置为1.2时，杯子的效果如图4-13所示。

图4-13

下面列举一些常见材质的IOR(折射率)：

玻璃：1.517	钻石：2.417	绿宝石：1.57
蓝(红)宝石：1.77	翡翠：1.4	黄金：0.47
水：1.318	冰：1.309	甘油：1.473

注意：虽然每个材质都有固定的折射率，但是最好再具体情况下进行适当的调整。数值为1时没有任何变化。

● Max depth：折射贴图最大深度。将此参数数值设置为10时，杯子的效果如图4-14所示。

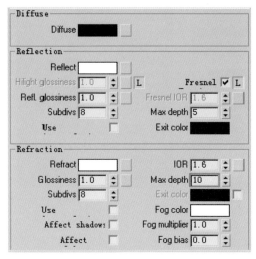 

图4-14

● Exit color：消退颜色，折射强度大于折射贴图最大深度值时，将折射此设定颜色。

● Fog color：体积雾色，定义体积雾填充折射时的颜色。将体积雾颜色设置为淡绿色，杯子的效果如图4-15所示。

图4-15

● Fog multiplier：体积雾倍增器，数值越大体积雾的浓度越大，当数值为0.0时体积雾为全透明。将倍增器数值设置为0.1时，杯子的效果如图4-16所示。

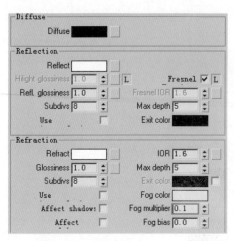

图4-16

- Use interpotation：使用插补。
- Affect shadows： 勾选这个复选框将导致物体投射透明阴影，透明阴影的颜色取决于折射颜色和雾颜色。如图4-17所示为勾选该选项后杯子的效果，可以看到由于玻璃的阴影不再是黑色，现在可以明显地看到白色冰淇淋上不再有黑色的阴影。

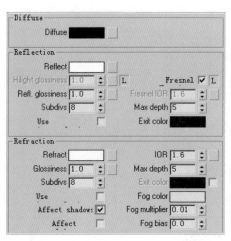

图4-17

- Affect alpha：开启/关闭透明通道效果。
- Thickness：半透明层浓度，当光线进入半透明材质的强度超过此值后，Vray便不会计算材质更深处的光线，此选项只有开启了半透明性质后才可使用。
- Light multiplier：灯光倍增器，定义材质内部的光线反射强度，此选项只有开启了半透明性质后才开使用。
- Scatter coeff：定义半透明物体散射光线的方向。值为0表示光线会在任何方向上被散射，值为1.0则表示在次表面散射的过程中光线不能改变散射方向。
- Fwd/bck coeff：定义半透明物体内部的向前/或向后的散射光线数量。

4.2.2　BRDF参数卷展栏

VRayMtl材质类型的BRDF参数卷展栏如图4-18所示。

BRDF卷展栏主要控制双向反射分布，定义物体表面的光能影响和空间反射性能，可以选择Phong(光滑塑料)、Blinn(木材面)和Ward(避光)三种物体特性。

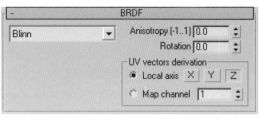

图4-18

其中主要参数的作用为：

- Anisotropy： 各项异性，以在各个点为中心，逐渐化成椭圆形。
- Rotation： 旋转。
- Local axis：本地轴向锁定。
- Map channel：贴图通道。

4.2.3 Options参数卷展栏

VRayMtl材质类型的Options参数卷展栏，如图4-19所示。

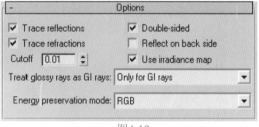

图4-19

其中主要参数的作用为：

- Trace reflections：开启或者关闭反射。
- Trace refractions：开启或者关闭折射。
- Cutoff：反射和折射之间的阈值，定义反射和折射在最后结束光追踪后的最小分布。
- Double-sided：双面材质。
- Reflect on back side：计算光照面背面。
- Use irradiance：开启此选择后材质物体使用光照贴图来进行照明。
- Energy preservation mode：光照存储模式，Vray支持RGB彩色存储和Monochrome(单色)存储。

4.2.4 Maps参数卷展栏

在Maps参数卷展栏中可以对VRay的材质贴图进行设置，如图4-20所示。由于其中的参数基本与3ds max相同，故不再赘述。

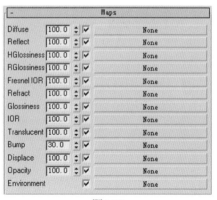

图4-20

4.3 掌握VRayLightMtl材质

可以简单将VRayLightMtl材质当作VRay的自发光材质，常用于制作类似自发光灯罩这样的效果，该材质类型的参数卷展栏如图4-21所示。

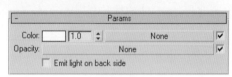

图4-21

其中各个参数的作用如下所述。

● Color(颜色)：控制物体的发光颜色。如图4-22所示分别为将色块设置为白色和蓝色时的效果。

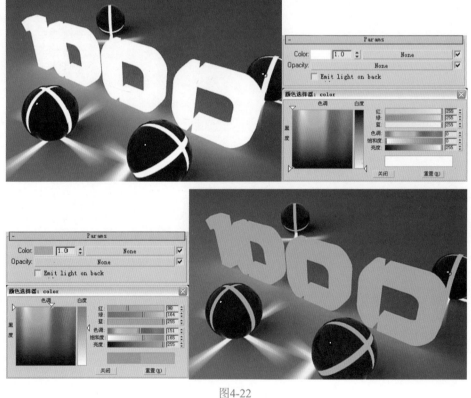

图4-22

● 颜色块后方的数值：倍增值，控制物体发光强度。如图4-23所示可以看到随着倍增值的增加物体的发光强度也增强了。

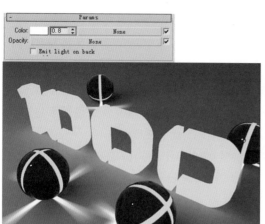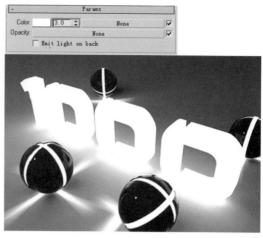

图4-23

● 数值后方的贴图按钮:指定一种材质或贴图来替代Color所定义的纯色产生发光。添加一张位图贴图后效果如图4-24所示。

图4-24

● Opacity贴图:透明贴图。

● Emit light on back:增加背光效果。不勾选此选项时平面物体只有一面发光,勾选后平面物体两面都发光。

4.4 掌握VRayMtlWrapper材质

　　VRay渲染器提供的VRayMtlWrapper材质可以嵌套VRay支持的任何一种材质类型,并且可以有效地控制VRay的色溢。它就类似一个材质包裹,任何材质经过它的包裹后,可以控制接收和传递光子的强度,该材质类型的参数卷展栏如图4-25所示。

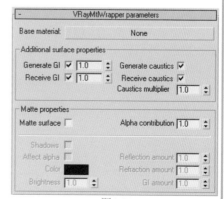

图4-25

下面介绍其中各个参数的作用。

- Base material(基本材质)：被嵌套的材质，定义包裹材质中使用的基本材质。
- Generate GI(产生光能传递)：控制物体表面光能传递产生的强度，此数值小则传达到第二个物体的颜色会减少，色溢现象也会随之减弱。
- Receive GI(接收光能传递)：控制物体表面光能传递接收的强度。数值越高，受到更强烈的光，就会越亮；数值越低，吸收的光越少，就会更暗。
- Generate caustics(产生焦散)：控制物体表面焦散的产生和焦散的强度。
- Receive caustics(接收焦散)：控制物体表面焦散接收的强度。
- Caustics multiplier(焦散倍增)：控制焦散的强度。

在实际工作中经常使VRayMtlWrapper材质来控制图像中的色溢现象，如图4-26所示为按正常模式渲染后得到的效果，如图4-27所示为局部观察效果，可以看到由于受到墙面及地板颜色的影响，在地脚线、石膏线及天花板上形成了明显的色溢现象。

图4-26

图4-27

如图4-28所示为将黄色墙面与地板材质转换成为VRayMtlWrapper材质，并将Generate GI的数值由1降低到0.5后的渲染效果，可以看出色溢现象得到较好的控制。

图4-28

注意：如果数值继续调低，可能导致场景局部偏暗。

下面是将一个设置好的材质转换成为
VRayMtlWrapper材质的具体步骤：

单击材质类型按钮在"材质/贴图浏览器"
对话框中选择VRayMtlWrapper材质类型，在弹出
的"替换材质"对话框中选择"将旧材质保存为
子材质"，如图4-29所示。这样原材质就转换成
了VRayMtlWrapper材质。

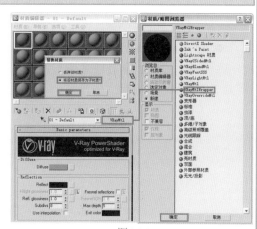

图4-29

4.5 掌握VRayMap贴图

在VRay渲染器激活的状态下，VRay允许在3ds Max材质的反射通道和折射通道中使用
VRayMap贴图，如图4-30所示，以取代常规使用的光线跟踪贴图，这样会获得更快的渲染速
度。而且在VRay渲染器激活的状态下是不支持光线跟踪贴图的。

VRayMap贴图类型的参数面板如图4-31所示。其中各项参数的作用如下所述。

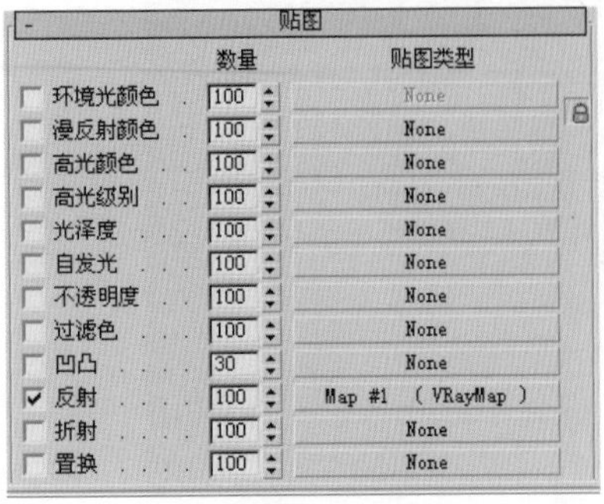

图4-30

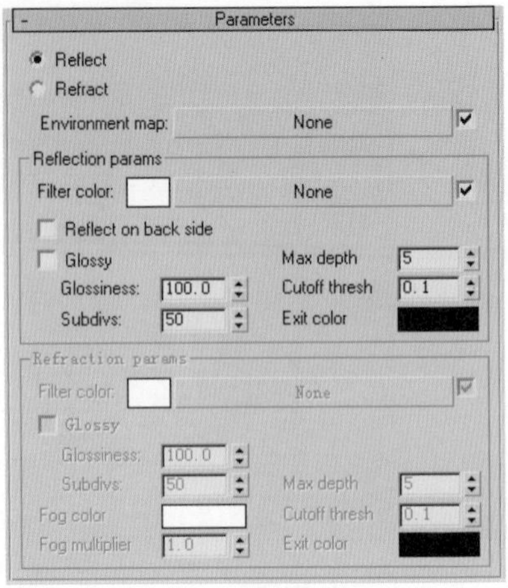

图4-31

● **Reflect**：开启此选项后，VRayMap贴图会产生反射效果，可以通过Reflection params选项组下的参数来进行调节(只有Reflect选项开启后，Reflection params选项组才会开启)。

● **Refract**：开启此选项后，VRayMap贴图会产生折射效果，可以通过Refraction params选项组下的参数来进行调节(只有Refract选项开启后，Refraction params选项组才会开启)。

● **Environment map**：反射/折射环境贴图。可以用来为VRayMap的反射/折射提供一张环境贴图，而且通道中支持HDRI贴图。如图4-32和图4-33所示分别为无环境贴图和有环境贴图的渲染效果。

图4-32

提示：无环境贴图时材质将反射场景的背景颜色，此时场景背景色为黑色。

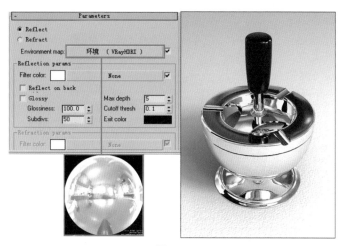

图4-33

> 提示：有环境贴图时材质反射贴图场景，不再受场景背景色的影响。

4.5.1 Reflection Paramters(反射参数选项组)

在勾选Reflect的情况下，Reflection Paramters选项组被启用。

● Filter color：可以通过颜色块控制反射的强度，黑色为不反射，白色为完全反射。通过贴图通道可以为反射过滤色添加纹理贴图。如图4-34所示为将色块调节为灰色时的渲染效果。如图4-35所示为为其添加贴图后的渲染效果。

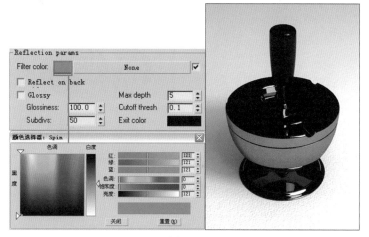

图4-34

> 提示：色块调整为灰色后可以看到物体的反射相对于镜面反射减弱了。

图4-35

> 提示：从图中可以看到物体的反射带有纹理贴图的效果。

● **Reflect on back side**：背面反射。开启此选项后，物体里层和内部的反射同样都会被计算，渲染时间也会相应增加。

● **Glossy**：开启光泽反射选项。勾选此选项之后，便可以设置材质模糊反射的效果，同时渲染时间也会大幅度增加。如图4-36所示为勾选此选项后物体的效果。

图4-36

> 提示：从图中可以看到物体的反射变模糊了。

● **Glossiness**：为材质的反射光泽度，值越小，模糊反射的程度越厉害。如图4-37所示为将数值由100降低到50后的效果。

图4-37

- **Subdivs**：为细分值设置，用于定义材质中反射模糊的光线数量。值越小，模糊反射的效果越粗糙，渲染时间越短。如图4-38所示为将数值由50降低到1后的效果。

图4-38

- **Max depth**：最大深度设置，定义材质相互反射的次数。
- **Cutoff thresh**：中止极限值。此参数表示反射材质不被光线跟踪的一个极限值。
- **Exit color**：定义在场景中光线反射达到最大深度的设定值以后会以什么颜色被反回来，如图4-39所示为颜色为黑色时的渲染效果，如图4-40所示为颜色为蓝色时的渲染效果。

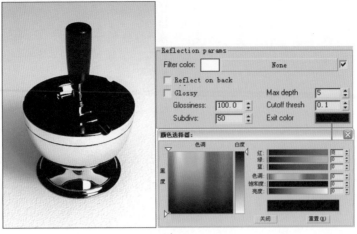

图4-39

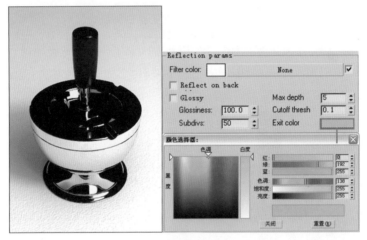

图4-40

提示：从图中可以看到当光线反射达到最大深度值时，反射回来的颜色为蓝色。

4.5.2 Refraction Paramters(折射参数选项组)

在标准材质的折射贴图通道中添加一张VRayMap贴图，如图4-41所示。

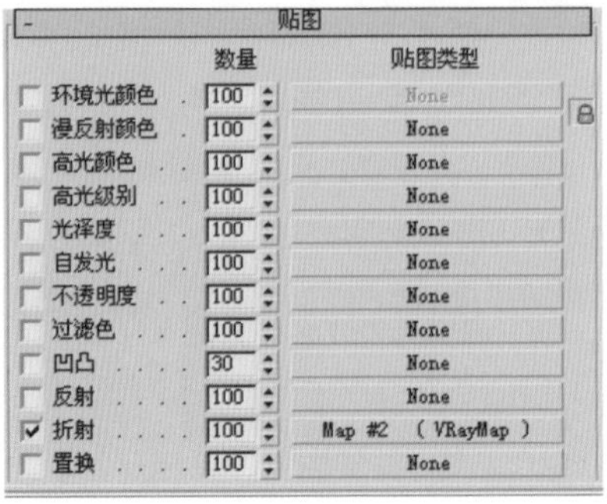

图4-41

在勾选Refract的情况下，Refraction Paramters选项组被启用。渲染效果如图4-42所示。

图4-42

● **Filter color**：可以通过颜色块控制折射的强度，黑色表示不产生折射，白色表示完全折射。通过贴图通道可以为折射过滤色添加纹理贴图。如图4-43所示为将色块调节为灰色时的渲染效果；如图4-44所示为为其添加贴图后的渲染效果。

图4-43

提示：色块调整为灰色后可以看到物体的透明度降低了。

图4-44

提示：从图中可以看到物体的折射带有纹理贴图的效果。

● **Glossy**：开启光泽折射选项。勾选此选项之后，便可以设置材质模糊折射的效果，同时渲染时间也会大幅度增加。
● **Glossiness**：为材质的折射光泽度，值越小，模糊折射的程度越厉害。

- **Subdivs**：为细分值设置，用于定义材质中折射模糊的光线数量。值越大，模糊折射的效果越平滑，渲染时间越长。
- **Max depth**：最大深度设置，定义光线的最大折射次数。如图4-45所示分别为将最大深度设置为3和8时的渲染效果。可以发现数值越大玻璃的效果越真实，细节越多。

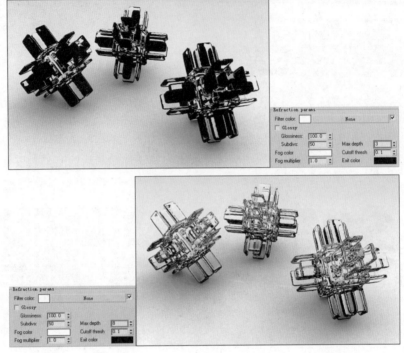

图4-45

- **Cutoff thresh**：中止极限值。此参数表示折射材质不被光线跟踪的一个极限值。
- **Exit color**：定义在场景中光线折射达到最大深度的设定值以后会以什么颜色被反射回来。如图4-46所示为改变此参数颜色后的效果。

图4-46

- **Fog color**：雾颜色，此参数决定折射对象内部雾的颜色，如图4-47所示为改变雾颜色后的效果。

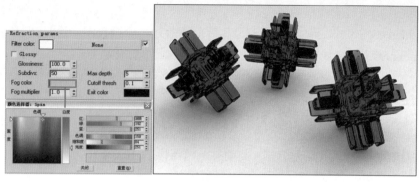

图4-47

● **Fog multiplier**：雾的倍增值，此参数决定雾的浓度。值越小，雾显得越稀薄，如图4-48所示为减小倍增值后的效果。

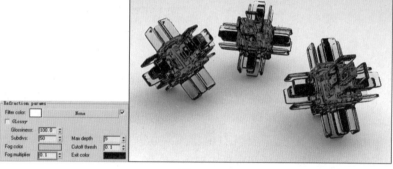

图4-48

4.6 掌握VRayEdgesTex及VRayHDRI贴图

4.6.1 VRayEdgesTex贴图

　　VRayEdgesTex(VRay边纹理)贴图类型类似于3ds Max的线框材质，但是不同的是，它是一种贴图，并可以创建一些3ds Max无法完成的有趣效果，如图4-49所示便是使用该贴图渲染出的线框效果。在材质的漫反射通道中添加一张VRayEdgesTex贴图，其参数面板如图4-50所示。

图 4-49

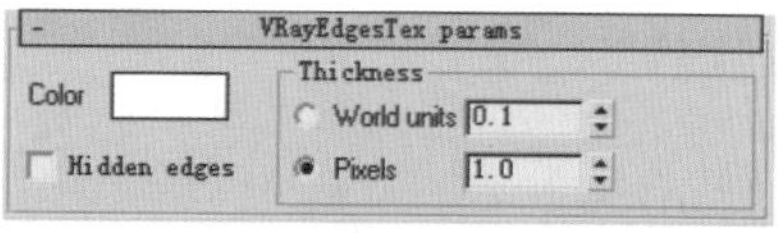

图4-50

- Color：用于设置线框的颜色。
- Hidden edges：勾选的时候将渲染物体的所有边，否则仅渲染可见边。
- Thickness：定义线框的厚度，使用世界单位或像素来定义。

提示：漫反射颜色决定物体本身的颜色。

4.6.2 认识VRayHDRI贴图

VRayHDRI贴图类型主要用于导入高动态范围图像(HDRI)来作为环境贴图，它支持大多数标准环境贴图类型，参数控制面板如图4-51所示。

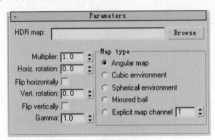

图4-51

- HDR map(HDR贴图)：指定使用HDRI贴图的路径。目前仅支持.hdr和.pic文件，其他格式的贴图文件虽然可以调用，但是不能起到照明的作用。
- Multiplier(倍增值)：用于控制HDRI图像的亮度。倍增值为1时渲染效果如图4-52所示；倍增值为0.2时渲染效果如图4-53所示。

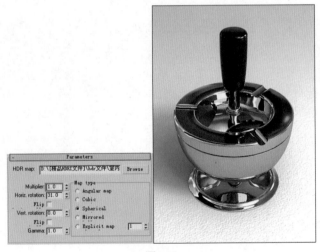

图4-52

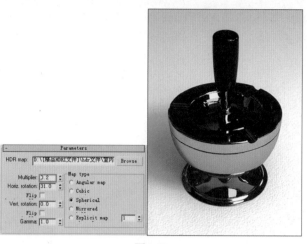

图4-53

- Horiz. rotation(水平方向旋转)：设定环境贴图水平方向旋转的角度。
- Flip horizontally(水平方向的翻转)：在水平方向翻转环境贴图。
- Vert. rotation(垂直方向旋转)：设定环境贴图垂直方向旋转的角度。
- Flip vertically(垂直方向翻转)：在垂直方向翻转环境贴图。

Map type(贴图类型)选项组中提供了5种贴图类型，其中各个类型的含义如下。

- Angular map：角度贴图，这种贴图方式使HDRI贴图都汇聚到一点，如图4-54所示。
- Cubic environment：立方体环境，此HDRI贴图被分布在一个立方体上，以这种方式来影响场景中的物体，如图4-55所示。

图 4-54

图4-55

- Spherical environment：球形环境，HDRI贴图被分布在一个球体上，类似于球形背景。大多数情况下这种贴图方式模拟的最为真实，如图4-56所示。

- **Mirrored ball**：对称球，HDRI贴图以球形对称的方式分布，从而使图像纹理产生了扭曲，如图4-57所示。
- **Explicit map**：外在贴图，此时HDRI贴图分布在一个平面上，并可以为贴图纹理指定通道。如图4-58所示。

图4-56　　　　　　　　　　图4-57　　　　　　　　　　图4-58

第 章　VRay材质技术精讲

5.1 简洁客厅场景材质精讲

本节中我们主要来学习客厅场景中常用材质的制作方法。如图5-1所示为客厅场景的线框模型边线效果，如图5-2所示为客厅的最终渲染效果。

图5-1

图5-2

主要材质类型：亮光石材、皮革、布、金属、玻璃

5.1.1 渲染设置

⭐ 1 打开本书所附光盘提供的"实例\第5章\简洁客厅场景\简洁客厅场景源文件.max"场景文件，这是一个简洁客厅场景，场景中灯光及渲染参数已经设置好，如图5-3所示。

⭐ 2 为了提高渲染速度，我们要调用已经保存好的发光贴图文件和灯光贴图文件，按F10键打开"渲染场景"对话框，进入"渲染器"选项卡，在 `V-Ray:: Irradiance map` 展卷栏中的Mode选项组中调用已经事先保存好的发光贴图，同样在 `V-Ray:: Light cache` 展卷栏中的Mode选项组中调用已经事先保存好的灯光贴图，如图5-4所示。发光贴图文件和灯光贴图文件分别为本书所附光盘提供的"实例\第5章\简洁客厅场景\1.vrmap"和"实例\第5章\简洁客厅场景\1.vrlmap"文件。

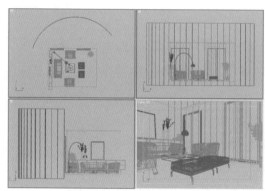
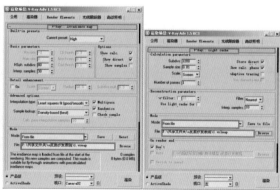

图5-3　　　　　　　　　　　　　　　　　　　　　图5-4

5.1.2 材质制作

1. 窗玻璃材质制作

⭐ 1 首先制作窗玻璃材质。按M键打开"材质编辑器"对话框，选择一个空白材质球，单击 `Standard` 按钮，在弹出的"材质/贴图浏览器"对话框中选择 ●VRayMtl 材质，将材质命名为"窗玻璃"，参数设置如图5-5所示。

⭐ 2 单击 按钮，将材质指定给物体"窗玻璃"，对摄像机视图进行渲染，效果如图5-6所示。

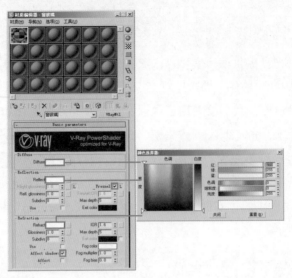

图5-5

★ 3 单击 ⚏ 按钮，将材质指定给物体"窗玻璃"，对摄像机视图进行渲染，效果如图5-6所示。

图5-6

2.地面材质制作

★ 1 下面制作地面材质。按M键打开"材质编辑器"对话框，选择一个空白材质球，将材质设置为 ⚫VRayMtl 材质，将材质命名为"地面"，单击Diffuse贴图按钮，在弹出的"材质/贴图浏览器"对话框中选择Bitmap(位图)贴图，参数设置如图5-7所示。贴图文件为本书所附光盘提供的"实例\第5章\简洁客厅场景\材质\CZ-039.jpg"文件。

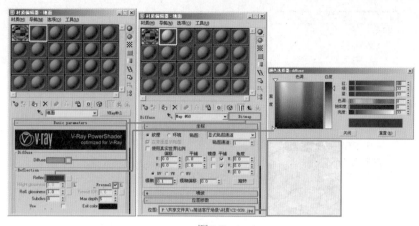

图5-7

2 对"地面"材质进行凹凸设置。在 `VRayMtl` 材质层级下，打开Maps展卷栏，单击Bump的贴图按钮，在弹出的"材质/贴图浏览器"对话框中选择Bitmap(位图)贴图，参数设置如图5-8所示。

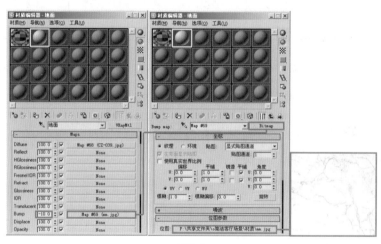

图5-8

3 选择物体"地面"，单击 按钮，将材质指定给物体，进入 修改命令面板，给物体"地面"添加一个 `UVW 贴图` 修改器，参数设置如图5-9所示。

4 为了得到更真实的地砖效果，下面给物体"地面"添加一个 `VRayDisplacementMod` 修改器，在其 `Parameters` 展卷栏下，单击 `None` 贴图按钮，在弹出的"材质/贴图浏览器"对话框中选择Bitmap(位图)贴图，参数设置如图5-10所示。贴图文件为本书所附光盘提供的"实例\第5章\简洁客厅场景\材质\merble_bump.jpg"文件。

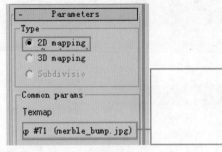

图5-9   图5-10

5 对摄像机视图进行渲染，效果如图5-11所示。

图5-11

3. 墙面及顶材质制作

1 下面制作墙面材质。按M键打开"材质编辑器"对话框，选择一个空白材质球，将材质类型设置为 **VRayMtl** 材质，将材质命名为"墙"，设置材质的Diffuse颜色，如图5-12所示。

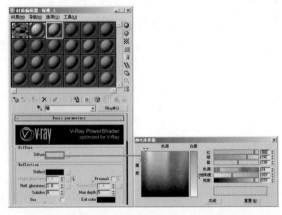

图5-12

2 然后单击 **VRayMtl** 按钮，在弹出的"材质/贴图浏览器"对话框中选择 **VRayMtlWrapper** 材质，在弹出的"替换材质"对话框中选择"将旧材质保存为子材质"选项，将材质命名为"墙"，参数设置如图5-13所示。

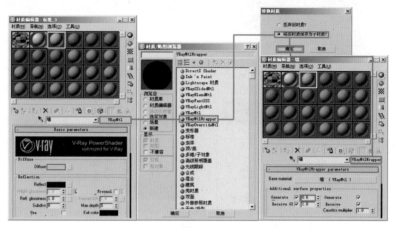

图5-13

> 提示：利用VRayMtlWrapper材质可以有效的控制色溢。

3 单击 按钮，将材质指定给物体"墙"，对摄像机视图进行渲染，效果如图5-14所示。

图5-14

4 下面制作顶的材质。按M键打开"材质编辑器"对话框，选择一个空白材质球，将材质设置为 **VRayMtl** 材质类型，将材质命名为"顶"，参数设置如图5-15所示。将材质指定给物体"顶"和"干支"。

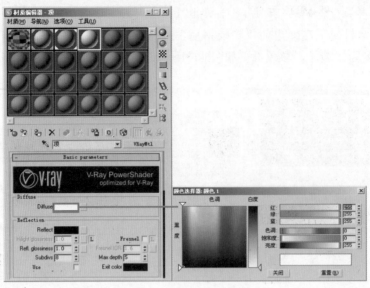

图5-15

4.沙发材质制作

⭐ 1 下面开始制作沙发的材质。按M键打开"材质编辑器"对话框，选择一个空白材质球，将材质设置为 🔵 VRayMtl 材质，将材质命名为"黑色沙发皮"，设置其参数，然后单击Diffuse贴图按钮，在弹出的"材质/贴图浏览器"对话框中选择Falloff(衰减)贴图，参数设置如图5-16所示。将材质指定给物体"沙发主体"。

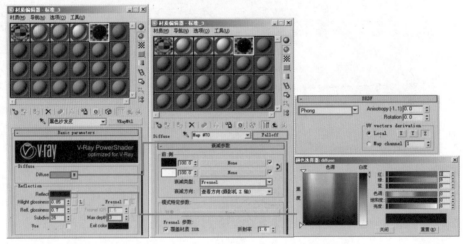

图5-16

⭐ 2 下面开始制作布沙发垫材质。按M键打开"材质编辑器"对话框，选择一个空白材质球，将材质设置为 🔵 VRayMtl 材质，将材质命名为"沙发布"，单击Diffuse贴图按钮，在弹出的"材质/贴图浏览器"对话框中选择Falloff(衰减)贴图，在衰减贴图层级，单击"衰减参数"展卷栏中黑色色块右侧的贴图按钮，在弹出的"材质/贴图浏览器"对话框中选择"斑点"贴图，如图5-17所示。

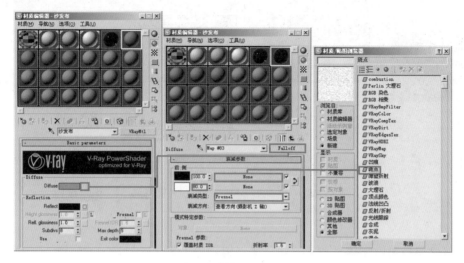

图5-17

★ 3 在"斑点"贴图层级进行设置，然后返回"衰减"贴图层级，黑色色块右侧的贴图通道按钮拖动到白色色块右侧的通道按钮上，在弹出的"复制(实例)贴图"对话框中选择"实例"选项进行关联复制，参数设置如图5-18所示。

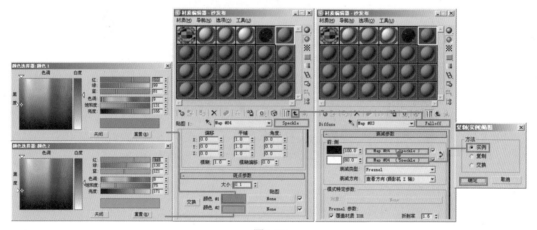

图5-18

★ 4 回到 VRayMtl 材质层级，单击Maps展卷栏下的Bump贴图按钮，在弹出的"材质/贴图浏览器"对话框中选择"斑点"贴图，参数设置如图5-19所示。将材质指定给物体"布沙发垫"。

⭐ 5 下面制作沙发的金属支架材质。按M键打开"材质编辑器"对话框，选择一个空白
材质球，将材质设置为 ● VRayMtl 材质，将材质命名为"金属1"，参数设置如图5-20所示。

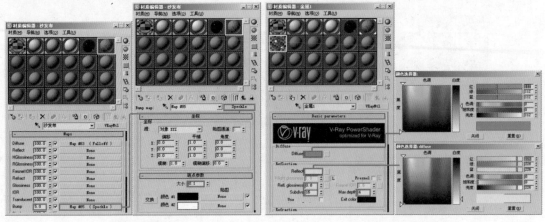

图5-19   图5-20

⭐ 6 将材质指定给物体"布艺沙发金属支架"、"茶几支架"、"轨道"、"屏风框"
和"沙发支架"，此时对摄像机视图进行渲染，效果如图5-21所示。

图5-21

5. 其他材质制作

⭐ 1 下面制作窗帘材质。按M键打开"材质编辑器"对话框，选择一个空白材质球，将
材质设置为 ● VRayMtl 材质，将材质命名为"窗帘"，参数设置如图5-22所示。将材质指定
给物体"帘"。

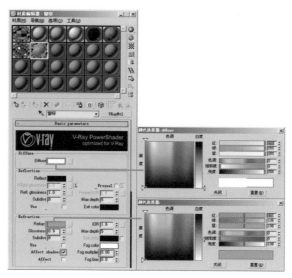

图5-22

⭐ 2 　下面制作茶几玻璃玻璃材质。按M键打开"材质编辑器"对话框，选择一个空白材质球，将材质设置为 🔵 **VRayMtl** 材质，将材质命名为"茶几玻璃"，参数设置如图5-23所示。将材质指定给物体"茶几玻璃"。

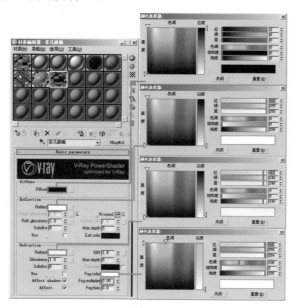

图5-23

⭐ 3 　下面制作窗框材质。按M键打开"材质编辑器"对话框，选择一个空白材质球，将材质设置为 🔵 **VRayMtl** 材质，将材质命名为"窗框"，参数设置如图5-24所示。将材质指定给物体"窗框"、"地脚线"、"画框"。

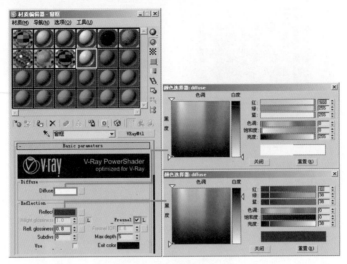

图5-24

4 下面制作装饰画材质。按M键打开"材质编辑器"对话框，选择一个空白材质球，将材质设置为 VRayMtl 材质，将材质命名为"装饰画"，单击Diffuse贴图按钮，在弹出"材质/贴图浏览器"对话框中选择Bitmap(位图)贴图，参数设置如图5-25所示。贴图文件为本书所附光盘提供的"实例\第5章\简洁客厅场景\材质\Z012-014.jpg"文件。将材质指定给物体"画"。

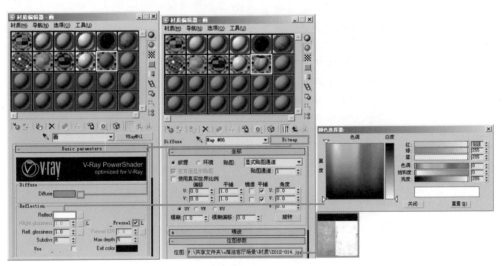

图5-25

5 下面制作灯具材质。按M键打开"材质编辑器"对话框，选择一个空白材质球，将材质设置为 VRayMtl 材质，将材质命名为"金属2"，参数设置如图5-26所示。将材质指定给物体"灯金属部分"。

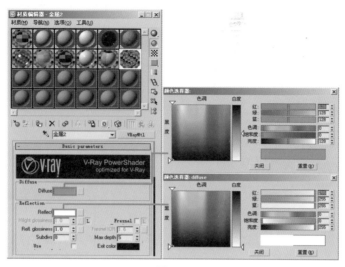

图5-26

6 下面制作装饰瓶材质。按M键打开"材质编辑器"对话框，选择一个空白材质球，将材质设置为 **VRayMtl** 材质，将材质命名为"白瓷"，参数设置如图5-27所示。将材质指定给物体"装饰瓶"和"烟灰缸"。

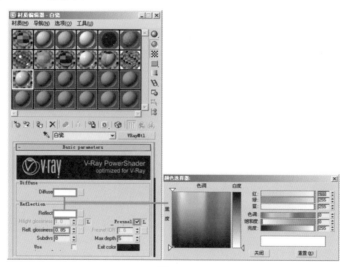

图5-27

7 最后来制作外景材质，按M键打开"材质编辑器"对话框，选择一个空白材质球，将材质命名为"外景"，单击Diffuse贴图按钮，在弹出的"材质/贴图浏览器"对话框中选择Bitmap(位图)贴图，参数设置如图5-28所示。贴图文件为本书所附光盘提供的"实例\第5章\简洁客厅场景\材质\00A27FD3.jpg"文件。将材质指定给物体"外景"。

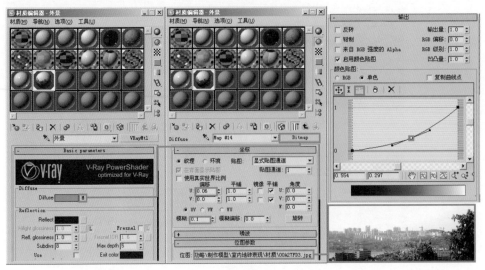

图5-28

⭐ 8 对摄像机视图进行渲染，最终效果如图5-29所示。

图5-29

5.2 休闲场景材质精讲

本节中我们将学习休闲场景中常用材质的制作方法。如图5-30所示为休闲场景的模型边线效果，如图5-31所示为休闲场景的最终渲染效果。

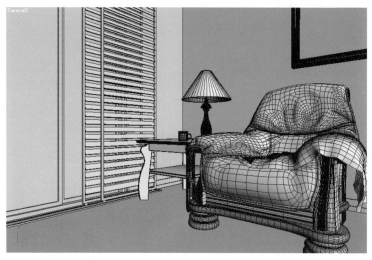

图5-30

图5-31

主要材质类型：木地板、白色皮革、布、亮光木材。

 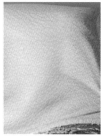  

5.2.1　渲染设置

⭐ 1　打开本书所附光盘提供的"实例\第5章\休闲场景表现\沙发场景源文件.max"场景文件，场景中灯光及渲染参数已经设置好，如图5-32所示。

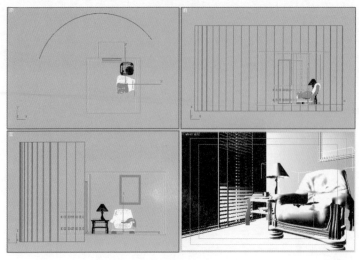

图5-32

2 为了提高渲染速度，首先来调用已经事先保存好的发光贴图文件和灯光贴图文件。按F10键打开"渲染场景"对话框，进入"渲染器"选项卡，在 **V-Ray:: Irradiance map** 展卷栏中的Mode选项组中调用已经事先保存好的发光贴图，同样在 **V-Ray:: Light cache** 展卷栏中的Mode选项组中调用已经事先保存好的灯光贴图，如图5-33所示。发光贴图文件和灯光贴图文件分别为本书所附光盘提供的"实例\第5章\休闲场景表现\沙发场景光照贴图.vrmap"和"实例\第5章\休闲场景表现\沙发场景灯光贴图.vrlmap"文件。

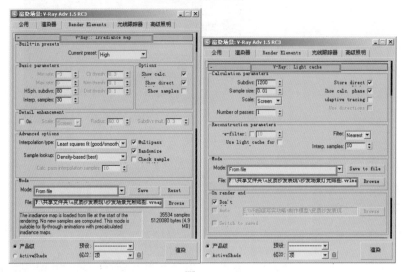

图5-33

5.2.2 材质制作

1. 窗玻璃材质

1 首先制作窗玻璃材质。按M键打开"材质编辑器"对话框，选择一个空白材质球，单击 Standard 按钮，在弹出的"材质/贴图浏览器"对话框中选择 ⊙VRayMtl 材质类型，将材质命名为"窗玻璃"，参数设置如图5-34所示。

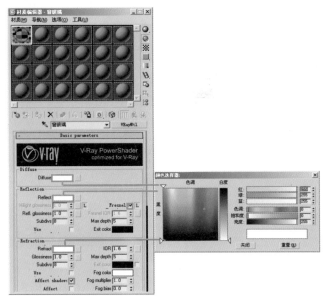

图5-34

★ 2 ★ 单击 按钮，将材质指定给物体"窗玻璃"，对摄像机视图进行渲染，此时效果如图5-35所示。

图5-35

2. 地面材质

★ 1 ★ 首先制作木地板材质。按M键打开"材质编辑器"对话框，选择一个空白材质球，将材质设置为 ⊙VRayMtl 材质，将材质命名为"地板"，设置其参数，然后单击Diffuse贴图按钮，在弹出的"材质/贴图浏览器"对话框中选择Bitmap(位图)贴图，参数设置如图5-36所示。贴图文件为本书所附光盘提供的"深色木地板"文件。

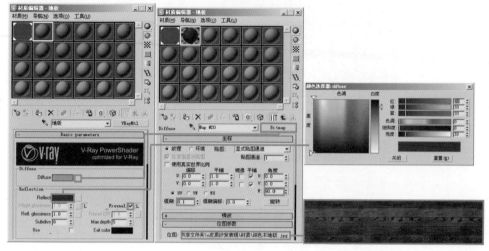

图5-36

⭐ **2** 对材质进行凹凸设置。返回VRayMtl材质层级，在Maps展卷栏下，将Diffuse贴图按钮拖动到Bump贴图按钮上，在弹出的"复制(实例)贴图"对话框中选择"复制"选项，然后将Bump通道上的贴图素材改为本书所附光盘提供的"实例\第5章\休闲场景表现\材质\bump.jpg"文件，如图5-37所示。

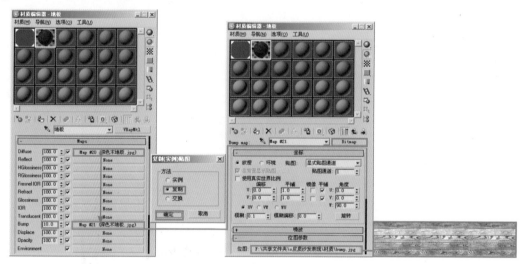

图5-37

⭐ **3** 选择物体"地面"，单击 按钮，将材质指定给物体，然后进入 修改命令面板，为其添加一个 **UVW 贴图** 修改器，参数设置如图5-38所示。

⭐ **4** 在 修改命令面板下，在物体"地面"添加一个 **VRayDisplacementMod** 修改器，在其

Parameters 展卷栏下，单击 None 贴图按钮，在弹出的"材质/贴图浏览器"对话框中选择 Bitmap(位图)贴图，参数设置如图5-39所示。贴图文件为本书所附光盘提供的"实例\第5章\休闲场景表现\材质\bumpdis.jpg"文件。

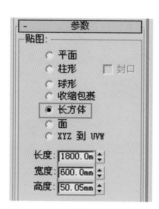

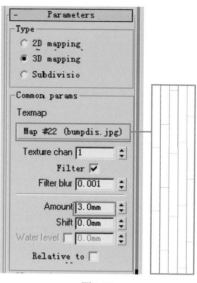

图5-38   图5-39

⭐ 5 下面制作阳台地面的材质。按M键打开"材质编辑器"对话框，选择一个空白材质球，将材质设置为 VRayMtl 材质，将材质命名为"阳台地面"，设置其参数，然后单击 Diffuse贴图按钮，在弹出的"材质/贴图浏览器"对话框中选择Bitmap(位图)贴图，参数设置如图5-40所示。贴图文件为本书所附光盘中提供的"实例\第5章\休闲场景表现\材质\仿古砖12.JPG"文件。

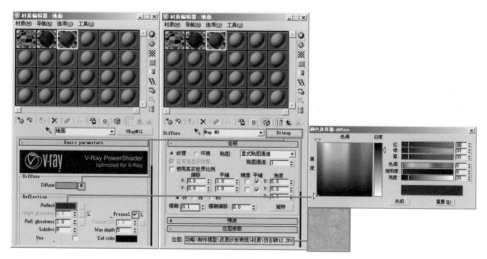

图5-40

⭐ 6 单击 🔗 按钮，将材质指定给物体"阳台地面"，然后给物体"阳台地面"也添加一个 UVW 贴图 修改器，参数设置如图5-41所示。

⭐ 7 此时对摄像机视图进行渲染，效果如图5-42所示。

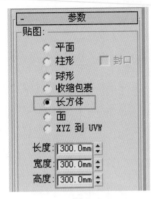
图5-41

图5-42

3. 墙面材质制作

⭐ 1 下面制作墙面材质。按M键打开"材质编辑器"对话框，选择一个空白材质球，将材质设置为 ⚫VRayMtl 材质，将材质命名为"墙"，单击Diffuse贴图按钮，在弹出的"材质/贴图浏览器"对话框中选择Bitmap(位图)贴图，参数设置如图5-43所示。贴图文件为本书所附光盘提供的"实例\第5章\休闲场景表现\材质\墙.jpg"文件。

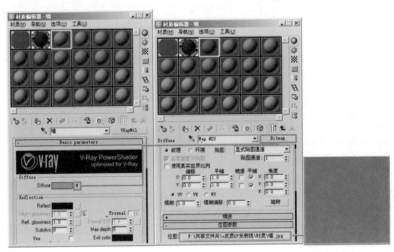
图5-43

⭐ 2 为了有效地控制色溢，我们需要回到 VRayMtl 层级，单击 VRayMtl 按钮，在弹出的

"材质/贴图浏览器"对话框中选择 ◉ VRayMtlWrapper 材质，在弹出的"替换材质"对话框中选择"将旧材质保存为子材质"选项，参数设置如图5-44所示。

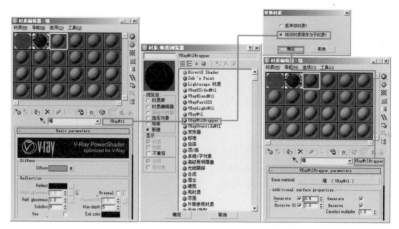

图5-44

单击 按钮，将材质指定给物体"墙"，对摄像机视图进行渲染，效果如图5-45所示。

图5-45

4. 窗框材质制作

⭐ 1 下面开始制作窗框材质。按M键打开"材质编辑器"对话框，选择一个空白材质球，设置材质为 ◉ VRayMtl 材质，将材质命名为"窗框"，参数设置如图5-46所示。将材质指定给物体"百叶"、"百叶01"、"窗框"、"地角线"。

2 下面开始制作百叶轨道材质。按M键打开"材质编辑器"对话框，将材质设置为
● **VRayMtl** 材质，将材质命名为"轨道"，参数设置如图5-47所示。

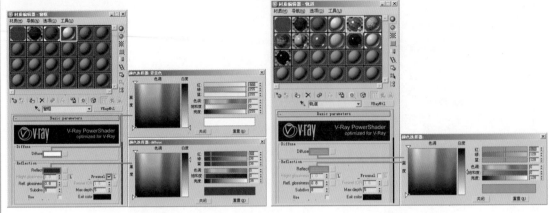

图5-46 　　　　　　　　　　　　　　　　　图5-47

3 单击 按钮，将材质指定给物体"轨道"，对摄像机视图进行渲染，效果如图
5-48所示。

图5-48

5. 沙发材质制作

1 下面开始制作沙发材质。按M键打开"材质编辑器"对话框，选择一个空白材质
球，将材质设置为 ● **VRayMtl** 材质，将材质命名为"沙发木"，设置其参数，然后单击
Diffuse贴图按钮，在弹出的"材质/贴图浏览器"对话框中选择Bitmap(位图)贴图，参数
设置如图5-49所示。贴图文件为本书所附光盘中提供的"实例\第5章\休闲场景表现\材质\
wood_25_diffuse.jpg"文件。将材质指定给物体"茶几"、"扶手"、"沙发木框架"。

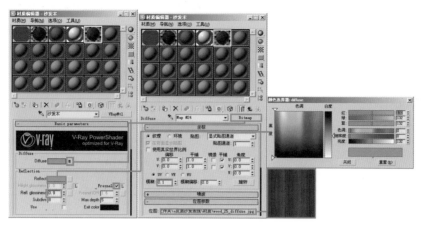

图5-49

⭐ 2 按M键打开"材质编辑器"对话框，选择一个空白材质球，将材质设置为 🔵 **VRayMtl** 材质，将材质命名为"沙发皮"，参数设置如图5-50所示。

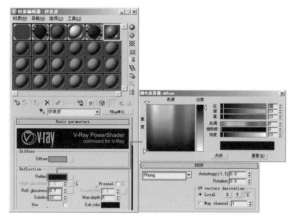

图5-50

⭐ 3 单击Diffuse贴图按钮，在弹出的"材质/贴图浏览器"对话框中选择Falloff(衰减)贴图，在"衰减"贴图层级，参数设置如图5-51所示。

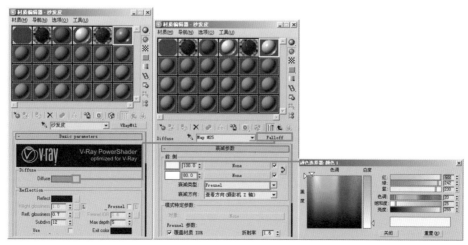

图5-51

⭐ 4 单击"衰减参数"展卷栏中第一个色块后的贴图通道按钮，在弹出的"材质/贴图浏览器"对话框中选择Bitmap(位图)贴图，设置其参数，然后返回"衰减"贴图层级，将第一个贴图按钮拖动到第二个贴图按钮上，在弹出的"复制(实例)贴图"对话框中选择"实例"选项进行关联复制，如图5-52所示。贴图文件为本书所附光盘中的"实例\第5章\休闲场景表现\材质\皮bump.tif"文件。

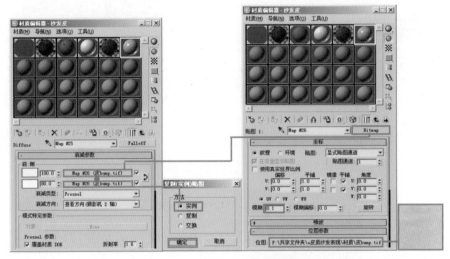

图5-52

⭐ 5 返回 **VRayMtl** 材质层级，打开Maps展卷栏，单击Bump的贴图按钮，在弹出的"材质/贴图浏览器"对话框中选择Bitmap(位图)贴图，参数设置如图5-53所示。贴图文件为本书所附光盘中的"实例\第5章\休闲场景表现\材质\皮.tif"文件。将材质指定给物体"沙发皮质部分"。

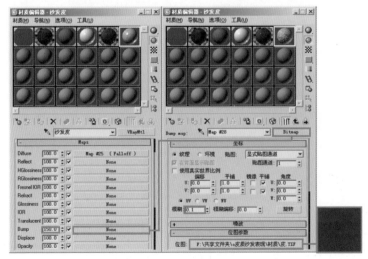

图5-53

★ 6 下面制作沙发上的毯子材质。按M键打开"材质编辑器"对话框，选择一个空白材质球，将材质设置为 ● VRayMtl 材质，将材质命名为"毯子"，单击Diffuse贴图按钮，在弹出的"材质/贴图浏览器"对话框中选择Falloff(衰减)贴图，参数设置如图5-54所示。

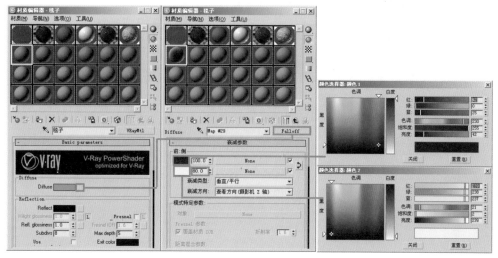

图5-54

★ 7 单击"衰减参数"展卷栏中第一个色块后的贴图通道按钮，在弹出的"材质/贴图浏览器"对话框中选择Bitmap(位图)贴图，设置其参数。然后返回"衰减"贴图层级，将第一个贴图按钮关联复制给第二个贴图按钮，如图5-55所示。贴图文件为本书所附光盘中提供的"实例\第5章\休闲场景表现\材质\2004811130188.jpg"文件。

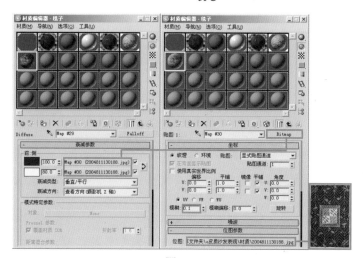

图5-55

★ 8 返回 VRayMtl 材质层级，打开Maps展卷栏，单击Bump的贴图按钮，在弹出的"材质/贴图浏览器"对话框中选择Bitmap(位图)贴图，参数设置如图5-56所示。然后将Bump的贴图按钮关联复制给Displace贴图按钮。贴图文件为本书所附光盘中提供的"实例\第5章\休闲场景表现\材质\2004811130188.jpg"文件。

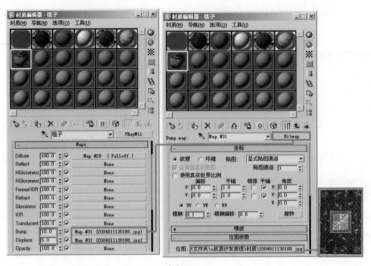

图5-56

9 将材质指定给物体"毯子"，此时对摄像机视图进行渲染，效果如图5-57所示。

图5-57

6.装饰画材质制作

1 下面制作装饰画材质。按M键打开"材质编辑器"对话框，选择一个空白材质球，将材质设置为 ●VRayMtl 材质，将材质命名为"画"，参数设置如图5-58所示。

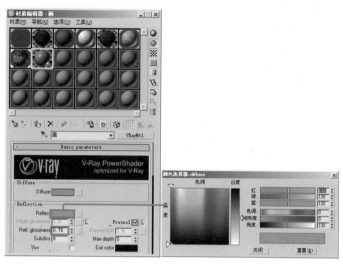

图5-58

⭐ 2 　单击Diffuse贴图按钮，在弹出的"材质/贴图浏览器"对话框中选择Bitmap(位图)贴图，参数设置如图5-59所示。贴图文件为本书所附光盘中提供的"实例\第5章\休闲场景表现\材质\K4357-4376.jpg"文件。将材质指定给物体"画"。

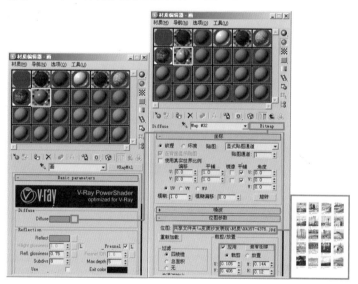

图5-59

⭐ 3 　下面制作黄金材质。按M键打开"材质编辑器"对话框，选择一个空白材质球，将材质设置为 ● VRayMtl 材质，将材质命名为"黄金"，参数设置如图5-60所示。将材质指定给物体"画框"和"台灯金属"。

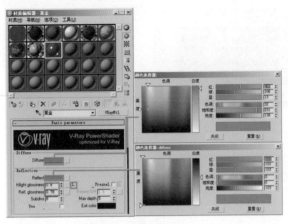

图5-60

7. 台灯材质制作

⭐ **1** 下面制作台灯材质。按M键打开"材质编辑器"对话框，选择一个空白材质球，将材质设置为 ⊙ **VRayMtl** 材质，将材质命名为"灯罩"，设置其参数，然后单击Diffuse贴图按钮，在弹出的"材质/贴图浏览器"对话框中选择Falloff(衰减)贴图，参数设置如图5-61所示。将材质指定给物体"灯罩"。

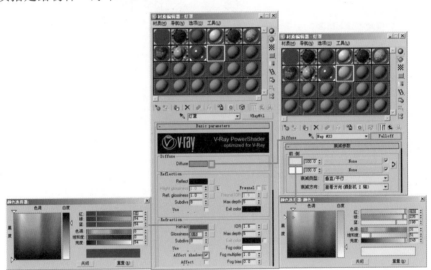

图5-61

⭐ **2** 下面制作台灯底座材质。按M键打开"材质编辑器"对话框，选择一个空白材质球，将材质设置为 ⊙ **VRayMtl** 材质，将材质命名为"台灯底座"，参数设置如图5-62所示。将材质指定给物体"台灯底座"。

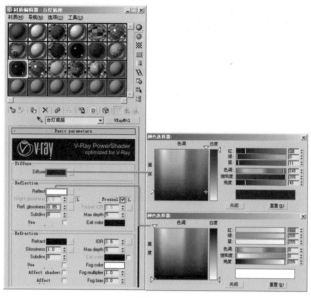

图5-62

3 下面制作白瓷材质。按M键打开"材质编辑器"对话框，选择一个空白材质球，将材质设置为 ●**VRayMtl** 材质，将材质命名为"白瓷"，参数设置如图5-63所示。将材质指定给物体"台灯白色部分"、"茶杯"。

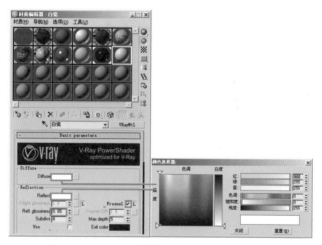

图5-63

8. 其他材质制作

1 下面制作窗外栏杆的材质。按M键打开"材质编辑器"对话框，设置材质为 ●**VRayMtl** 材质，将材质命名为"黑色金属"，参数设置如图6-64所示。将材质指定给物体"栏杆"。

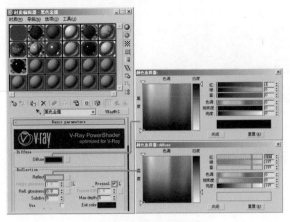

图5-64

[2] 最后制作外景材质。按M键打开"材质编辑器"对话框，将材质设置为  **VRayMtl** 材质，将材质命名为"外景"，单击Diffuse贴图按钮，在弹出的"材质/贴图浏览器"对话框中选择Bitmap(位图)贴图，参数设置如图5-65所示。贴图文件为本书所附光盘中提供的"实例\第5章\休闲场景表现\材质\顺弛三轮-5 副本.jpg"文件。

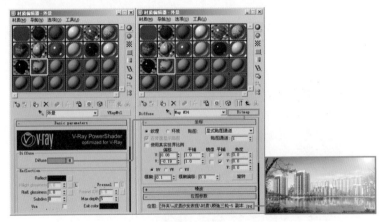

图5-65

[3] 将材质指定给物体"外景"，对摄像机视图进行渲染，最终效果如图5-66所示。

图5-66

5.3 餐桌场景材质精讲

本节中我们将学习餐桌场景中常用材质的制作方法。如图5-67所示为餐桌场景的模型边线效果，如图5-68所示为餐桌场景的最终渲染效果。

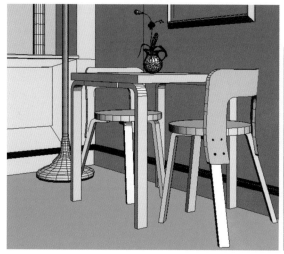 

图5-67　　　　　　　　　　　　　　　图5-68

主要材质类型：地毯、木材、玻璃

5.3.1 渲染设置

⭐ 1 打开本书所附光盘提供的"实例\第5章\室内小场景\室内小场景源文件.max"场景文件，这是一个室内的小场景，场景中灯光及渲染参数已经设置好，如图5-59所示。

⭐ 2 为了提高渲染速度，我们要调用已经保存好的发光贴图和灯光贴图，按F10键打开"渲染场景"对话框，进入"渲染器"选项卡，在 V-Ray:: Irradiance map 展卷栏中的Mode选项组中调用已经事先保存好的发光贴图，同样在 V-Ray:: Light cache 展卷栏中的Mode选项组中调用已经事先保存好的灯光贴图，如图5-70所示。发光贴图文件和灯光贴图文件分别为本书所附光盘提供的"实例\第5章\室内小场景\室内发光贴图.vrmap"和"实例\第5章\室内小场景\室内灯光贴图.vrlmap"文件。

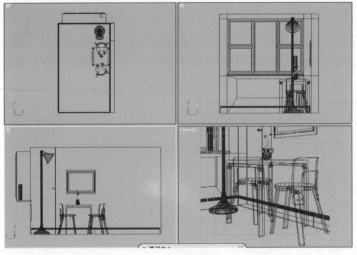

图5-69

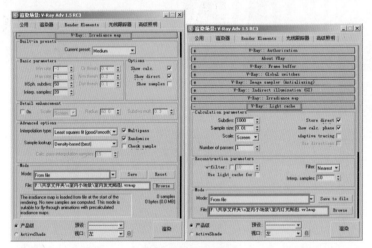

图5-70

5.3.2 材质制作

1. 窗玻璃材质制作

⭐ 1 下面开始制作窗玻璃材质。按M键打开"材质编辑器"对话框，选择一个空白材质球，单击 Standard 按钮，在弹出的"材质/贴图浏览器"对话框中选择 ⬤ VRayMtl 材质类型，将材质命名为"窗玻璃"，参数设置如图5-71所示。

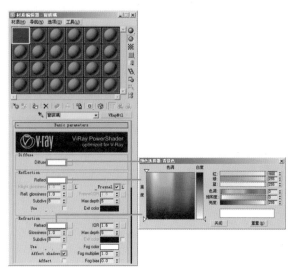

图5-71

2 在Maps展卷栏下，单击 **Environment** 通道贴图按钮，在弹出的"材质/贴图浏览器"对话框中选择"输出"贴图，参数设置如图5-72所示。

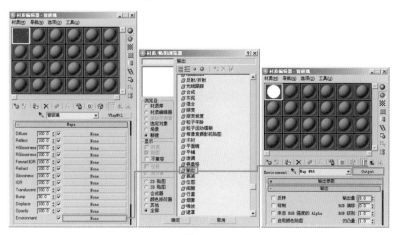

图5-72

3 单击 按钮，将材质指定给物体"窗玻璃"。

2.地毯材质制作

1 下面来制作地毯材质。按M键打开"材质编辑器"对话框，选择一个空白材质球，将材质设置为 **VRayMtl** 材质，将材质命名为"地毯"，单击Diffuse贴图按钮，在弹出的"材质/贴图浏览器"对话框中选择Falloff(衰减)贴图，参数设置如图5-73所示。

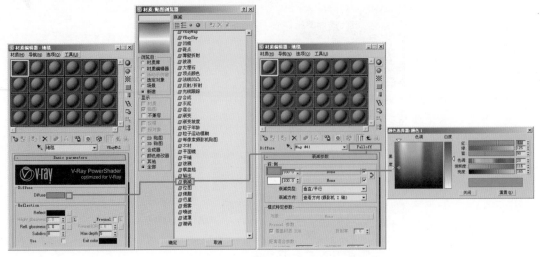

图5-73

2 返回VRayMtl材质层级，单击Maps展卷栏下的Bump贴图按钮，在弹出的"材质/贴图浏览器"对话框中选择Bitmap(位图)贴图，参数设置如图5-74所示。贴图文件为本书附带光盘中的"实例\第5章\室内小场景\材质\cloth_02.jpg"文件。

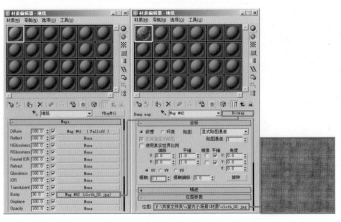

图5-74

3 选择物体"地面"，将材质指定给物体，然后进入 ![] 修改命令面板，为其添加一个 UVW 贴图 修改器，参数设置如图5-75所示。

4 为了效果更加真实，我们还要给地面添加一个 VRayDisplacementMod 修改器。进入 ![] 修改命令面板，在修改器列表中选择 VRayDisplacementMod 修改器，设置如图5-76所示。贴图文件为本书所附光盘提供的"实例\第5章\室内小场景\材质\cloth_02.jpg"文件。

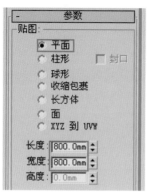

图5-75

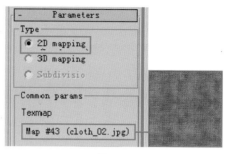

图5-76

★　5　对摄像机视图进行渲染，效果如图5-77所示。

图5-77

3.墙面及木质品材质制作

★　1　下面开始制作墙面材质。按M键打开"材质编辑器"对话框，选择一个空白材质球，将材质设置为 ● VRayMtl 材质，将材质命名为"白色"，参数设置如图5-78所示。将材质指定给物体"白色漫反射"和"白色纸"。

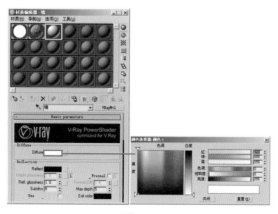

图5-78

⭐ 2 下面开始制作木质品材质。按M键打开"材质编辑器"对话框，选择一个空白材质球，将材质设置为 ⚪VRayMtl 材质，将材质命名为"木纹"，单击Diffuse贴图按钮，在弹出的"材质/贴图浏览器"对话框中选择Bitmap(位图)贴图，参数设置如图5-79所示。贴图文件为本书附光盘提供的"实例\第5章\室内小场景\材质\562912-WO00137-embed.jpg"文件。

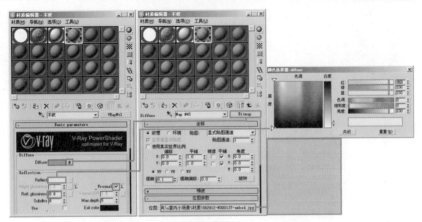

图5-79

⭐ 3 设置"木纹"材质的凹凸效果。在 VRayMtl 材质层级的Maps展卷栏中，将Diffuse贴图按钮拖动到Bump贴图按钮上，在弹出的"复制(实例)贴图"对话框中选择"实例"选项进行关联复制，参数设置如图5-80所示。

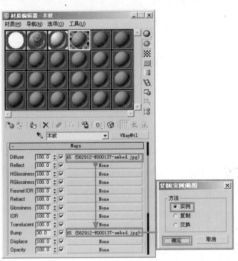

图5-80

⭐ 4 选择物体"木质桌椅"，将材质指定给物体，然后进入 🖉 修改命令面板，为其添加一个 UVW 贴图 修改器，参数设置如图5-81所示。此时渲染效果如图5-82所示。

图5-81　　　　　　　　　　　　　　　　图5-82

4. 其他材质制作

★　1　下面来制作花瓶及装饰瓶材质。按M键打开"材质编辑器"对话框，选择一个空白材质球，将材质设置为 ●VRayMtl 材质，命名材质为"瓶"，参数设置如图5-83所示。将材质指定给物体"装饰瓶"。

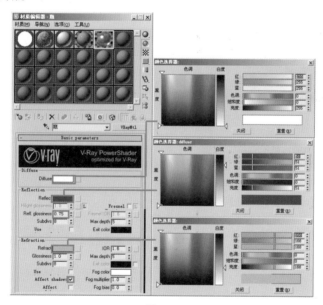

图5-83

★　2　下面来制作踢脚线材质。按M键打开"材质编辑器"对话框，选择一个空白材质球，将材质设置为 ●VRayMtl 材质，将材质命名为"踢脚线"，参数设置如图5-84所示。将材质指定给物体"踢脚线"。

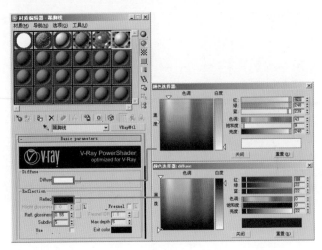

图5-84

⭐ **3** 下面制作装饰画的玻璃材质。按M键打开"材质编辑器"对话框，选择一个空白材质球，将材质设置为 **● VRayMtl** 材质，参数设置如图5-85所示。将材质指定给物体"画前玻璃"。

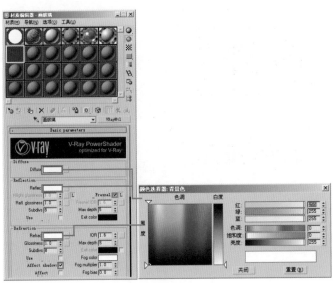

图5-85

⭐ **4** 下面制作画的材质。按M键打开"材质编辑器"对话框，选择一个空白材质球，将材质设置为 **● VRayMtl** 材质，单击Diffuse贴图按钮，在弹出的"材质/贴图浏览器"对话框中选择Bitmap(位图)贴图，参数设置如图5-86所示。贴图文件为本书所附光盘提供的"实例\第5章\室内小场景\材质\装饰画.jpg"文件。将材质指定给物体"画"。

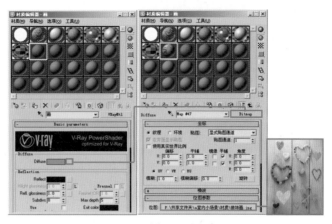

图5-86

★5　下面制作画框材质。按M键打开"材质编辑器"对话框，选择一个空白材质球，将材质设置为 **VRayMtl** 材质，将材质命名为"画框"，参数设置如图5-87所示。将材质指定给物体"画框"。

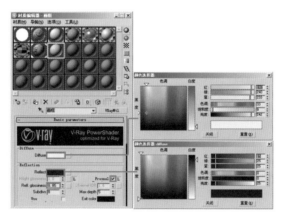

图5-87

★6　下面制作窗框材质。按M键打开"材质编辑器"对话框，选择一个空白材质球，将材质设置为 **VRayMtl** 材质，将材质命名为"窗框"，参数设置如图5-88所示。将材质指定给物体"窗框"。

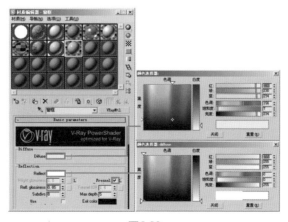

图5-88

⭐ 7 下面制作场景内的金属材质。按M键打开"材质编辑器"对话框，选择一个空白材质球，将材质设置为 ⬤VRayMtl 材质，将材质命名为"磨砂金属"，参数设置如图5-89所示。

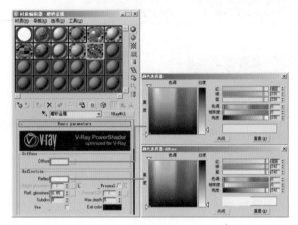

图5-89

⭐ 8 将材质指定给物体"金属部件"，对摄像机视图进行渲染，最终效果如图5-90所示。

图5-90

5.4 浴室场景材质精讲

本节中我们将学习浴室场景中常用材质的制作方法。如图5-91所示为浴室场景的模型边线效果，如图5-92所示为浴室场景的最终渲染效果。

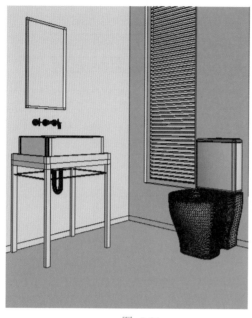

图 5-91　　　　　　　　　　　　　　　　图5-92

主要材质类型：亚光石材、镜子、陶瓷、不锈钢

5.4.1　渲染设置

★ 1　打开本书所附光盘提供的"实例\第5章\浴室场景\浴室源文件.max"场景文件，这是一个浴室的小场景，场景中灯光及渲染参数已经设置好，如图5-93所示。

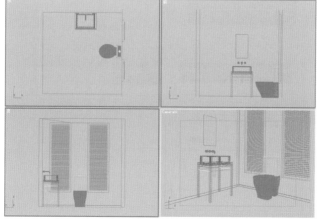

图5-93

2 为了提高渲染速度，我们要调用已经保存好的发光贴图文件和灯光贴图文件，按F10键打开"渲染场景"对话框，进入"渲染器"选项卡，在 `V-Ray:: Irradiance map` 展卷栏中的Mode选项组中调用事先已经保存好的发光贴图，同样在 `V-Ray:: Light cache` 展卷栏中的Mode选项组中调用事先已经保存好的灯光贴图，如图5-94所示。发光贴图文件和灯光贴图文件分别为本书所附光盘提供的"实例\第5章\浴室场景\浴室.vrmap"和"实例\第5章\浴室场景\浴室.vrlmap"文件。

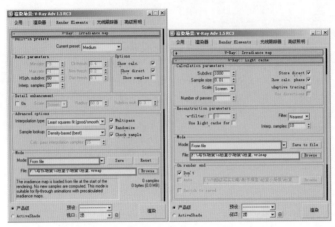

图5-94

5.4.2 材质制作

1.墙面材质制作

1 下面开始制作浴室的墙面材质。按M键打开"材质编辑器"对话框，选择一个空白材质球，单击 `Standard` 按钮，在弹出的"材质/贴图浏览器"对话框中选择 `VRayMtl` 材质，将材质命名为"墙"，参数设置如图5-95所示。

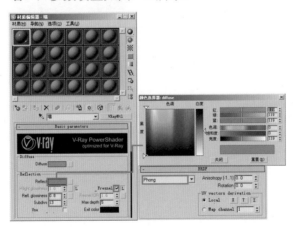

图5-95

2 单击Diffuse贴图按钮，在弹出的"材质/贴图浏览器"对话框中选择Bitmap(位图)贴图，在"位图"贴图层级进行设置，如图5-96所示。贴图文件为本书所附光盘提供的"实例\第5章\浴室场景\材质\glaze_28_diffuse.jpg"文件。

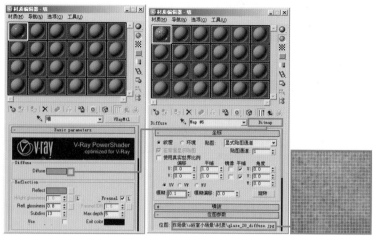

图5-96

⭐ **3** 在场景中选择物体"墙"，单击 🔲 按钮，将材质指定给物体，然后进入 ⁄ 修改命令面板，为其添加 **UVW 贴图** 修改器，参数设置如图5-97所示。

⭐ **4** 此时对摄像机视图进行渲染，效果如图5-98所示。

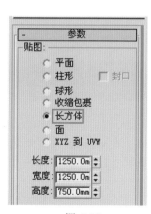

图 5-97

图5-98

2. 地面材质制作

⭐ **1** 下面制作地面材质。按M键打开"材质编辑器"对话框，选择一个空白材质球，将材质设置为 ⬤VRayMtl 材质，将材质命名为"地面"，参数设置如图5-99所示。

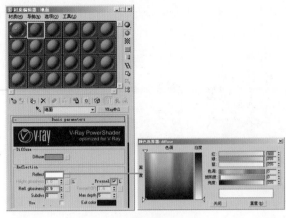

图5-99

⭐ 2　单击Diffuse贴图按钮，在弹出的"材质/贴图浏览器"对话框中选择Bitmap(位图)贴图，在"位图"贴图层级进行设置，如图5-100所示。贴图文件为本书所附光盘提供的"实例\第5章\浴室场景\材质\仿古砖09.jpg"文件。

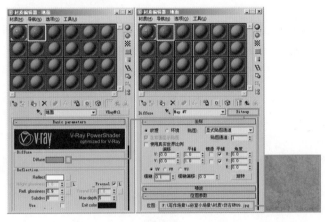

图5-100

⭐ 3　设置材质的凹凸效果。返回VRayMtl材质层级，在Maps展卷栏下将Diffuse通道按钮拖动到Bump通道按钮上，在弹出的"复制(实例)贴图"对话框中选择"实例"进行关联复制，参数设置如图5-101所示。

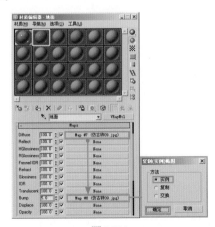

图5-101

4 选择物体"地面"，单击 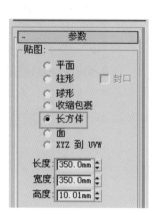 按钮，将材质指定给物体。进入 修改命令面板，为其添加 UVW 贴图 修改器，参数设置如图5-102所示。此时渲染效果如图5-103所示。

图5-102　　　　　　　　　　　图5-103

3. 陶瓷材质制作

1 下面制作马桶以及洗手盆上的陶瓷材质。按M键打开"材质编辑器"对话框，选择一个空白材质球，将材质设置为 VRayMtl 材质，将材质命名为"陶瓷"，其参数设置如图5-104所示。

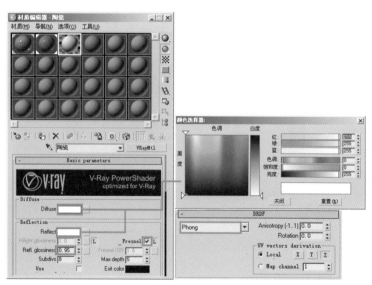

图5-104

2 单击Diffuse贴图按钮，在弹出的"材质/贴图浏览器"对话框中选择"输出"贴图，在"输出"贴图层级进行设置，如图5-105所示。

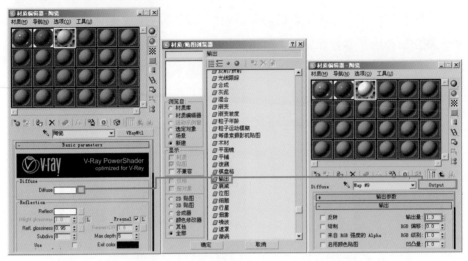

图5-105

⭐ 3 单击 🔲 按钮，将材质指定给物体"马桶"、"马桶水箱"和"洗手盆"，对摄像机视图进行渲染，效果如图5-106所示。

图5-106

4. 金属材质制作

⭐ 1 下面制作金属材质。按M键打开"材质编辑器"对话框，选择一个空白材质球，将材质设置为 ⚫ VRayMtl 材质，将材质命名为"金属"，参数设置如图5-107所示。

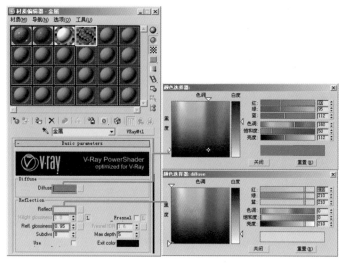

图5-107

2 单击 ![btn] 按钮，将材质指定给物体"水龙头"、"金属弯管"、"镜框"、"马桶按钮"、"支架"，对摄像机视图进行渲染，效果如图5-108所示。

图5-108

5. 镜子材质制作

1 下面制作镜子材质。按M键打开"材质编辑器"对话框，选择一个空白材质球，将材质设置为 ● VRayMtl 材质，将材质命名为"镜面"，参数设置如图5-109所示。

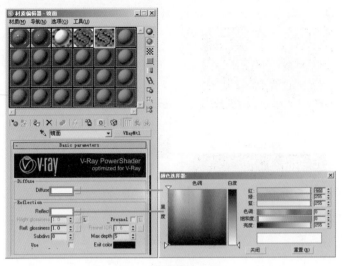

图5-109

⭐ 2 单击 按钮，将材质指定给物体"镜面"，对摄像机视图进行渲染，效果如图5-110所示。

图5-110

6. 其他材质制作

⭐ 1 下面制作踢脚线的材质。按M键打开"材质编辑器"对话框，选择一个空白材质球，将材质设置为 ⬤ VRayMtl 材质，将材质命名为"踢脚线"，参数设置如图5-111所示。将材质指定给物体"踢脚线"。

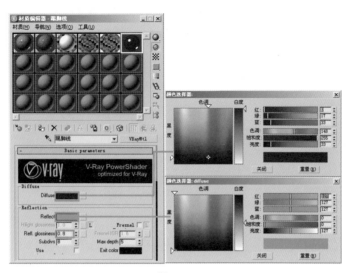

图5-111

2　下面制作大理石材质。按M键打开"材质编辑器"对话框，选择一个空白材质球，将材质设置为 ⚫VRayMtl 材质，将材质命名为"大理石"，在 VRayMtl 材质层级进行设置，单击Diffuse贴图按钮，在弹出的"材质/贴图浏览器"对话框中选择Bitmap(位图)贴图，参数设置如图5-112所示。贴图文件为本书所附光盘提供的"实例\第5章\浴室场景\材质\仿古砖09.jpg"文件。

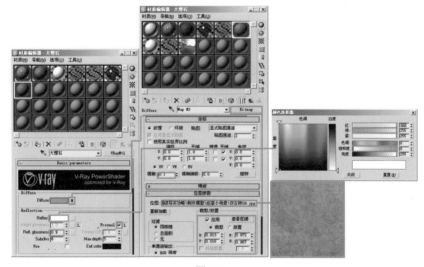

图5-112

3　将材质指定给物体"大理石框"，进入 修改命令面板，为物体"大理石框"添加一个 UVW 贴图 修改器，参数设置如图5-113所示。

图5-113

4 最后制作顶的材质。按M键打开"材质编辑器"对话框，选择一个空白材质球，将材质设置为 ● VRayMtl 材质，将材质命名为"顶"，参数设置如图5-114所示。

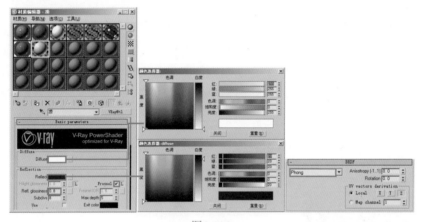

图5-114

5 将材质指定给物体"顶"、"窗"和"窗01"，对摄像机视图进行渲染，最终效果如图5-115所示。

图5-115

5.5　餐台场景材质精讲

本节中我们将学习餐台局部场景中常用材质的制作方法。如图5-116所示为餐台场景的模型边线效果，如图5-117所示为餐台场景的最终渲染效果。

图5-116

图5-117

主要材质类型：马赛克、红酒、陶瓷、不锈钢、有色金属

5.5.1　渲染设置

1　打开本书所附光盘提供的"实例\第5章\厨房小场景\厨房小场景源文件.max"场景文件，这是一个厨房局部场景，场景中灯光及渲染参数已经设置好，如图5-118所示。

图5-118

2　为了提高渲染速度，我们要调用已经保存好的发光贴图文件，按F10键打开"渲染场景"对话框，进入"渲染器"选项卡，在 V-Ray:: Irradiance map 展卷栏中的Mode选项组中调用已经事先保存好的发光贴图，如图5-119所示。发光贴图文件为本书所附光盘提供的"实例\第5章\厨房小场景\厨房小场景.vrmap"文件。

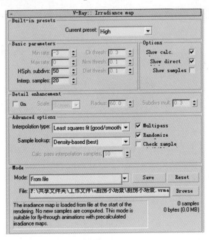

图5-119

5.5.2　材质制作

1. 桌面材质制作

1　首先制作"桌面"材质。按M键打开"材质编辑器"对话框，选择一个空白材质球，单击 **Standard** 按钮，在弹出的"材质/贴图浏览器"对话框中选择 **VRayMtl** 材质，将材质命名为"瓷片"，如图5-120所示。

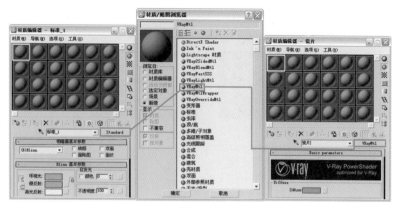

图5-120

⭐ 2 　在 **VRayMtl** 材质层级，单击Diffuse贴图按钮，在弹出的"材质/贴图浏览器"对话框中选择Bitmap(位图)贴图，参数设置如图5-121所示。贴图文件为本书所附光盘中提供的"实例\第5章\厨房小场景\材质\瓷砖1.jpg"文件。

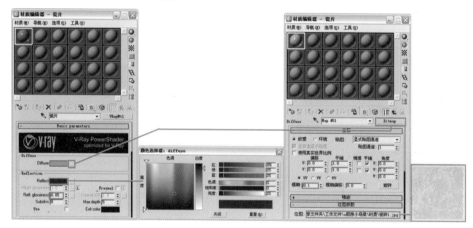

图5-121

⭐ 3 　返回 **VRayMtl** 材质层级，进入Maps卷展栏，单击Refract后的NONE贴图按钮，在弹出的"材质/贴图浏览器"对话框中选择Falloff(衰减)贴图，参数设置如图5-122所示。

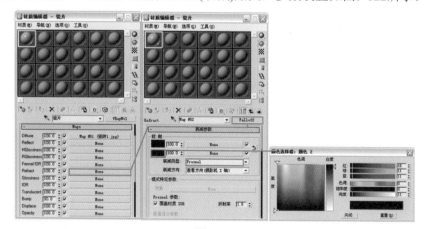

图5-122

4 返回**VRayMtl**材质层级，在Maps卷展栏中，单击Bump后的NONE贴图按钮，在弹出的"材质/贴图浏览器"对话框中选择Noise(噪波)贴图，参数设置如图5-123所示。

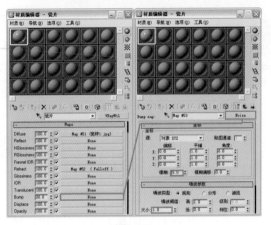

图5-123

5 因为"桌面"材质在场景中面积较大且颜色较深，为了避免发生色溢，将材质设置为 **VRayMtlWrapper**(VRay包裹材质)，参数设置如图5-124所示。

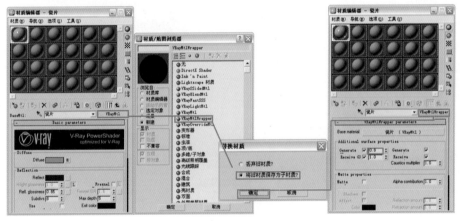

图5-124

6 将材质指定给物体"桌面"。然后进入 修改命令面板，为物体"桌面"添加一个 **UVW 贴图** 修改器，参数设置如图5-125所示。

7 下面对"桌面"进行置换处理。在 修改命令面板中，为物体"桌面"添加一个**VRayDisplacementMod**(VRay置换)修改器，单击修改器中的NONE贴图按钮，在弹出的"材质/贴图浏览器"对话框中选择Bitmap(位图)贴图，参数设置如图5-126所示。贴图文件为本书所附光盘中提供的"实例\第5章\厨房小场景\材质\displace瓷砖1.jpg"文件。

图 5-125

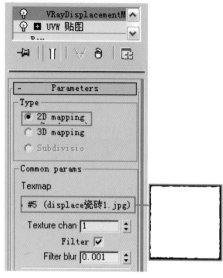

图5-126

8　对相机视图进行渲染，效果如图5-127所示。

图5-127

提示：视图中部分物体显示不正确是由于我们调用的发光贴图为完成材质制作后保存
的发光贴图，材质全部制作完成后渲染效果就会正确显示。

2. 碗材质制作

1　下面制作"碗"材质，"碗"的材质由两部分组成，分别是"白瓷"部分和"花纹
瓷器"部分。首先制作"白瓷"部分，按M键打开"材质编辑器"对话框，选择一个空白材
质球，将材质设置为 VRayMtl 材质，将材质命名为"白瓷"，参数设置如图5-128所示。

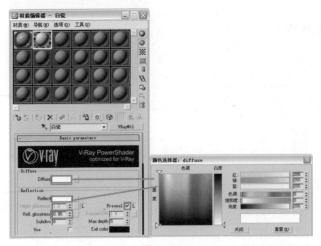

图5-128

2 为了避免材质产生曝光，将"白瓷"材质设置为VRay包裹材质。单击 **VRayMtl** 按钮，在弹出的"材质/贴图浏览器"对话框中选择 **VRayMtlWrapper** 材质，参数设置如图5-129所示。

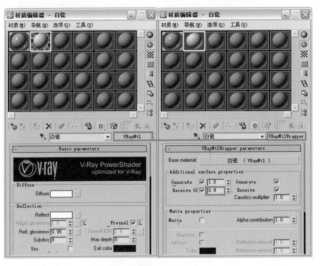

图5-129

提示：通过设置VRay包裹材质，可以有效的控制曝光和色溢。

3 在场景中选择物体"碗"，按Alt+Q键使其进入"孤立模式"，下面会对物体"碗"单独进行编辑，物体"碗"是可编辑多边形，我们进入它的多边形层级，在前视图中选中物体"碗"上部及下部的部分多边形，如图5-130所示，将材质指定给所选多边形。

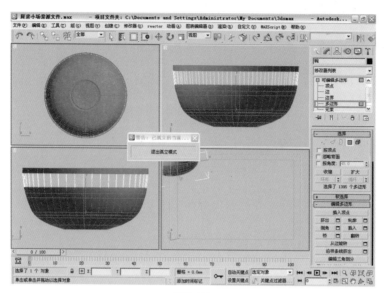

图5-130

⭐ **4** 下面制作"花纹瓷器"材质。按M键打开"材质编辑器"对话框，选择一个空白材质球，将材质设置为 🔵**VRayMtl** 材质，将材质命名为"花纹陶瓷"，参数设置如图5-131所示。

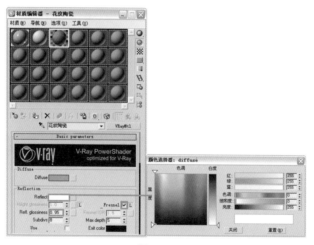

图5-131

⭐ **5** 单击其Diffuse贴图按钮，在弹出的"材质/贴图浏览器"对话框中选择Falloff(衰减)贴图，在"衰减"贴图层级，单击"衰减参数"卷展栏中黑色色块右侧的NONE贴图按钮，在弹出的"材质/贴图浏览器"对话框中选择Bitmap(位图)贴图，参数设置如图5-132所示。贴图文件为本书所附光盘中提供的"实例\第5章\厨房小场景\材质\厨卫系列瓷砖101. JPG"文件。

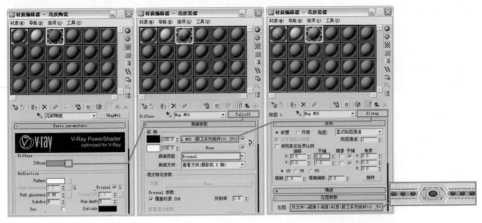

图5-132

6 同样为了避免产生曝光，将材质设置为VRay包裹材质。返回**VRayMtl** 材质层级，单击**VRayMtl** 按钮，在弹出的"材质/贴图浏览器"对话框中选择 **VRayMtlWrapper** 材质，参数设置如图5-133所示。

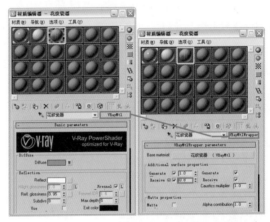

图5-133

7 在场景中选择物体"碗"，进入它的多边形层级，在前视图中选择如图5-134所示的位置。

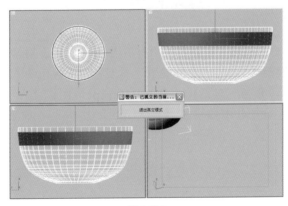

图5-134

★ **8** 将材质指定给所选多边形，退出物体多边形层级，然后为物体添加 `UVW 贴图` 修改器，参数设置如图5-135所示。

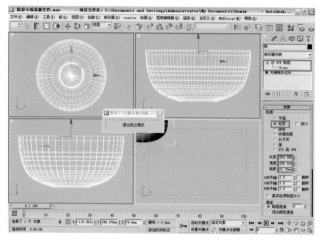

图5-135

★ **9** 然后单击"退出孤立模式"按钮，退出"孤立模式"，对相机视图进行渲染，效果如图5-136所示。

图5-136

3. 金属材质制作

★ **1** 场景中的物体"刀"和"叉子"属于同一种金属材质，首先制作它们的材质。按M键打开"材质编辑器"对话框，选择一个空白材质球，将材质设置为 ● VRayMtl 材质，将材质命名为"金属"，参数设置如图5-137所示。

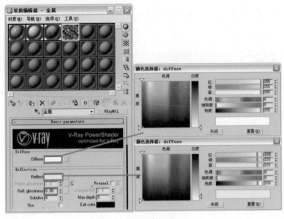

图5-137

2 单击  按钮，将材质指定给物体"刀"和"叉子"，渲染效果如图5-138所示。

图5-138

3 下面制作场景中"盆"的材质。按M键打开"材质编辑器"对话框，选择一个空白材质球，将材质设置为 ● VRayMtl 材质，将材质命名为"不锈钢"，参数设置如图5-139所示。

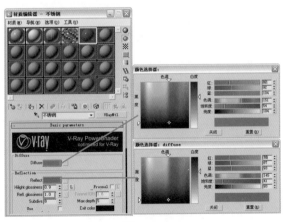

图5-139

⭐ 4 将材质指定给物体"盆",渲染效果如图5-140所示。

图5-140

4.酒杯及红酒材质制作

⭐ 1 首先制作"玻璃杯"材质,按M键打开"材质编辑器"对话框,选择一个空白材质球,将材质设置为 ● VRayMtl 材质,将材质命名为"玻璃杯",参数设置如图5-141所示。将材质指定给物体"玻璃杯"。

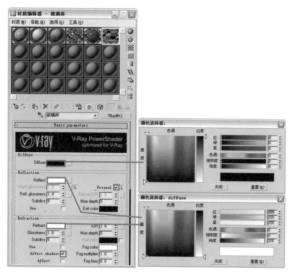

图5-141

⭐ 2 下面制作酒杯中的"红酒"材质。按M键打开"材质编辑器"对话框,选择一个空白材质球,将材质设置为 ● VRayMtl 材质,将材质命名为"红酒",参数设置如图5-142所示。

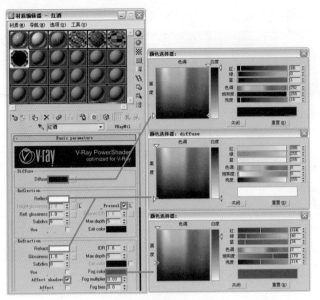

图5-142

3 将材质指定给物体"红酒",渲染效果如图5-143所示。

图5-143

5. 水果材质制作

1 首先制作酒杯里的樱桃材质。樱桃由物体"樱桃"、"樱桃梗"、"樱桃叶"三部分组成,首先制作物体"樱桃"材质。按M键打开"材质编辑器"对话框,选择一个空白材质球,将材质设置为 VRayMtl 材质,将材质命名为"樱桃",参数设置如图5-144所示。

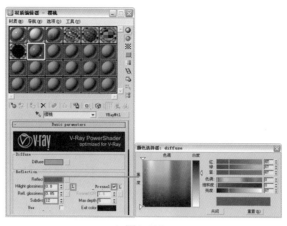

图5-144

2 单击Diffuse贴图按钮，在弹出的"材质/贴图浏览器"对话框中选择Falloff(衰减)贴图，参数设置如图5-145所示。将材质指定给物体"樱桃"。

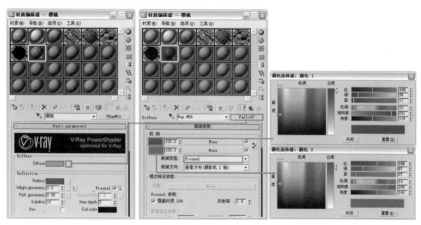

图5-145

3 接下来制作"樱桃梗"材质。按M键打开"材质编辑器"对话框，选择一个空白材质球，将材质设置为 **VRayMtl** 材质，将材质命名为"梗"，参数设置如图5-146所示。将材质指定给物体"樱桃梗"。

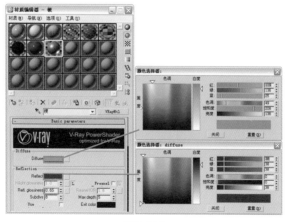

图5-146

★ **4** 下面制作"樱桃叶"材质。按M键打开"材质编辑器"对话框，选择一个空白材质球，将材质设置为 ● **VRayMtl** 材质，将材质命名为"叶子"，单击Diffuse贴图按钮，在弹出的"材质/贴图浏览器"对话框中选择Bitmap(位图)贴图，参数设置如图5-147所示。贴图文件为本书所附光盘中提供的"实例\第5章\厨房小场景\材质\Arch31_037_leaf.jpg"文件。

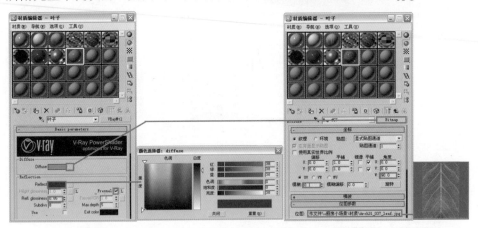

图5-147

★ **5** 返回 **VRayMtl** 材质层级，进入Maps卷展栏，单击Bump后的NONE贴图按钮，在弹出的"材质/贴图浏览器"对话框中选择Bitmap(位图)贴图，参数设置如图5-148所示。贴图文件为本书所附光盘中提供的"实例\第5章\厨房小场景\材质\Arch31_037_leaf.jpg"文件。

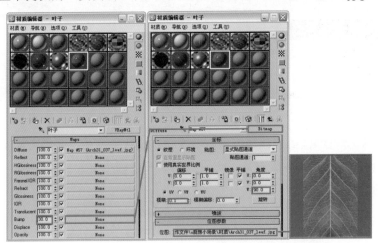

图5-148

★ **6** 将材质指定给物体"樱桃叶"，对相机视图进行渲染，效果如图5-149所示。

图5-149

★ 7 下面开始制作"柠檬"材质。首先制作被切开的有剖面的柠檬材质，按M键打开"材质编辑器"对话框，选择一个空白材质球，将材质设置为 ● VRayMtl 材质，将材质命名为"柠檬1"，参数设置如图5-150所示。

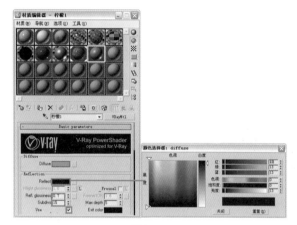

图5-150

★ 8 在Maps卷展栏中，单击Diffuse后的NONE贴图按钮，在弹出的"材质/贴图浏览器"对话框中选择Bitmap(位图)贴图，参数设置如图5-151所示。贴图文件为本书所附光盘中提供的"实例\第5章\厨房小场景\材质\Lemon-3.jpg"文件。

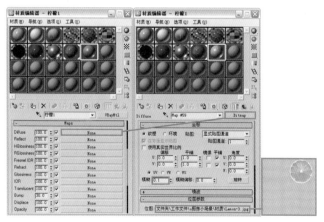

图5-151

9 然后返回**VRayMtl**材质层级，在Maps卷展栏中，单击RGlossiness后的NONE贴图按钮，在弹出的"材质/贴图浏览器"对话框中选择Bitmap(位图)贴图，参数设置如图5-152所示。贴图文件为本书所附光盘中提供的"实例\第5章\厨房小场景\材质\texture-1.jpg"文件。

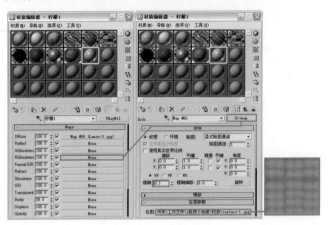

图5-152

10 返回**VRayMtl**材质层级，在Maps卷展栏中，单击Bump后的NONE贴图按钮，在弹出的"材质/贴图浏览器"对话框中选择Bitmap(位图)贴图，参数设置如图5-153所示。贴图文件为本书所附光盘中"实例\第5章\厨房小场景\材质\BUMP.jpg"文件。将材质指定给物体"柠檬1"。

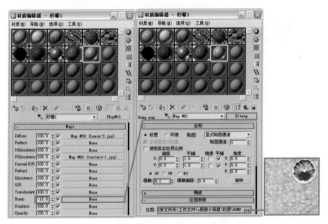

图5-153

11 "柠檬2"的基本参数和"柠檬1"相同，只是贴图文件有所改变，所以可以将"柠檬1"的材质复制，然后修改贴图文件即可。在"材质编辑器"对话框中，将材质"柠檬1"拖动到一个空白材质球上，然后给复制出来的材质重命名为"柠檬2"，如图5-154所示。

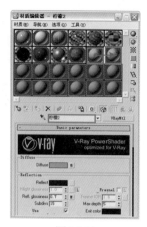

图5-154

⭐ 12 　将复制出来的"柠檬2"材质的Diffuse贴图换成本书所附光盘中提供的"实例\第5章\厨房小场景\材质\texture.jpg"文件，如图5-155所示。

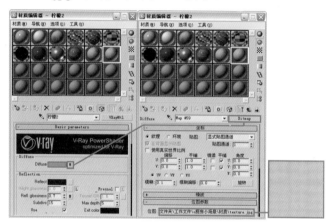

图5-155

⭐ 13 　返回材质"柠檬2"的**VRayMtl** 材质层级，进入Maps卷展栏，将Bump的贴图换成本书所附光盘中提供的"实例\第5章\厨房小场景\材质\texture-2.jpg"文件，如图5-156所示。

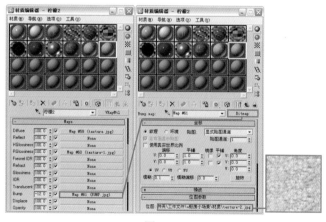

图5-156

14 将材质指定给物体"柠檬2",渲染效果如图5-157所示。

图5-157

5.5.3 场景环境设置

1 接下来需要给场景设置环境贴图,这样物体的反射与折射才能表现得更加真实。按8键打开"环境和效果"对话框,在"环境"选项卡中,单击"环境贴图"按钮,在弹出的"材质/贴图浏览器"对话框中选择 VRayHDRI 贴图,如图5-158所示。

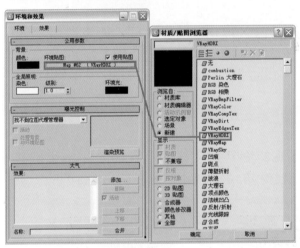

图5-158

2 按M键打开"材质编辑器"对话框,将"环境"选项卡中的"环境贴图"按钮拖动到"材质编辑器"对话框中的一个空白材质球上,以"实例"方式进行关联复制,如图5-159所示。

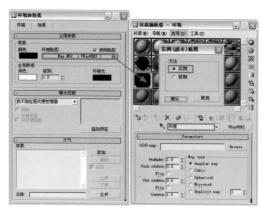

图5-159

3 对 "环境贴图" 进行设置。单击 **Browse** 按钮，然后在弹出的对话框中选择本书所附光盘中提供的 "实例\第5章\厨房小场景\材质\室内.hdr" 文件，参数设置如图5-160所示。

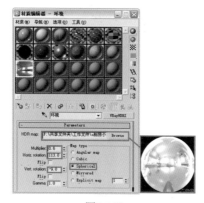

图5-160

4 对相机视图进行渲染，最终效果如图5-161所示。

图5-161

5.6 烟灰缸场景材质精讲

本节中我们将通过一个烟灰缸模型来讲解3种常用金属材质的制作方法。如图5-162所示为烟灰缸场景的模型边线效果，如图5-163所示为3种金属烟灰缸的最终渲染效果。

主要材质类型：黑色塑料、黑色金属、拉丝金属、磨砂金属

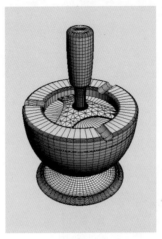

图5-162

图5-163

5.6.1 渲染设置

⭐ **1** 打开本书所附光盘提供的"实例\第5章\金属烟灰缸\烟灰缸源文件.max"场景文件，场景中灯光及渲染参数已经设置好，如图5-164所示。

图5-164

2 按F10键打开"渲染场景"对话框，进入"渲染器"选项卡，为了提高渲染速度，在 `V-Ray:: Irradiance map` (发光贴图)展卷栏中的Mode选项组中调用已经事先保存好的发光贴图，如图5-165所示。发光贴图文件为本书所附光盘提供的"实例\第5章\金属烟灰缸\金属发光贴图.vrmap"文件。

图5-165

5.6.2　材质制作

1. 桌面材质制作

1 下面来制作场景中的"桌面"材质。按M键打开"材质编辑器"，选择一个空白材质球，单击 Standard 按钮，在弹出的"材质/贴图浏览器"中选择 VRayMtl 材质类型，如图5-166所示。

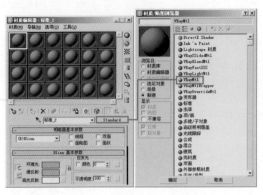

图5-166

⭐ 2 在VRayMtl材质层级中，单击Diffuse贴图按钮，在弹出的"材质/贴图浏览器"中选择Falloff(衰减)贴图，在衰减贴图层级进行设置，如图5-167所示。

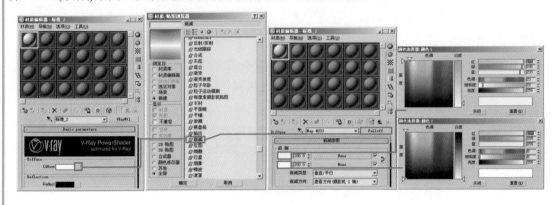

图5-167

⭐ 3 返回到VRayMtl材质层级，打开Maps展卷栏，单击Bump贴图按钮，在弹出的"材质/贴图浏览器"对话框中选择Bitmap(位图)贴图，贴图素材文件为本书所附光盘提供的"实例\第5章\金属烟灰缸\材质\cloth_14.jpg"文件，如图5-168所示。

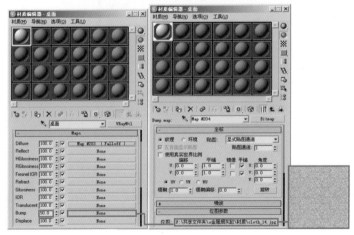

图5-168

★ 4 　将材质命名为"桌面"，单击 按钮，将材质指定给物体"桌面"，此时对相机视图进行渲染，效果如图5-169所示。

图5-169

2. 塑料材质制作

★ 1 　下面开始制作物体"黑色塑料"的材质。按M键打开"材质编辑器"，选择一个空白材质球，单击 **Standard** 按钮，在弹出的"材质/贴图浏览器"中选择 **VRayMtl** 材质类型，参数设置如图5-170所示。

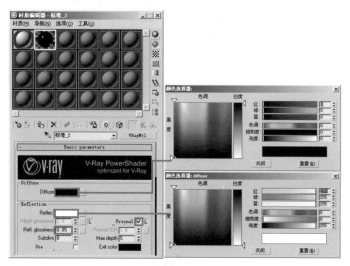

图5-170

★ 2 　将材质命名为"黑色塑料"，单击 按钮，将材质指定给物体"黑色塑料"，对相机视图进行渲染，效果如图5-171所示。

图5-171

3. 常见金属材质制作——(黑色金属)

⭐ 1　按M键打开"材质编辑器"，选择一个空白材质球，单击 Standard 按钮，在弹出的"材质/贴图浏览器"中选择 ● VRayMtl 材质类型，参数设置如图5-172所示。

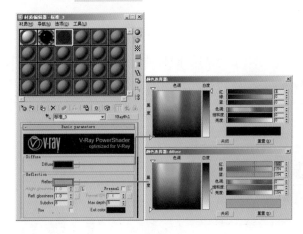

图5-172

⭐ 2　将材质命名为"黑色金属"，单击 按钮将材质指定给物体"金属部分"，此时对相机视图进行渲染，效果如图5-173所示。

图5-173

提示：由于场景中的环境色为黑色，金属只能反射黑色，效果并不真实，我们可以给
这个场景增加一个环境贴图，让物体的反射变得真实。

3　按8键进入"环境和效果"对话框，在"环境"选项卡下的"公用参数"卷展栏中，
单击背景颜色后的环境贴图按钮，在弹出的"材质/贴图浏览器"中选择 VRayHDRI 贴图，如
图5-174所示。

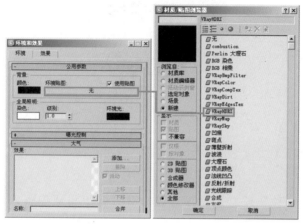

图5-174

4　按M键打开"材质编辑器"对话框，拖动"环境和效果"对话框里的环境贴图按钮
到"材质编辑器"中的一个空白材质球上，在弹出的"实例(副本)贴图"对话框中选择"实
例"进行关联复制，将材质命名为"环境"。然后单击 Browse 按钮，选择环境贴图文件，并
对其参数进行设置，如图5-175所示。环境贴图文件为本书所附带光盘提供的"实例\第5章\
金属烟灰缸\材质\室内.hdr"文件。

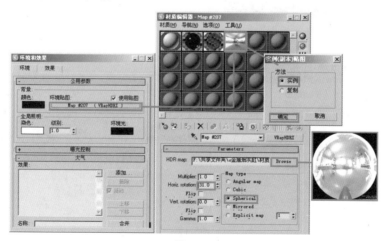

图5-175

5　对相机视图进行渲染，此时效果如图5-176所示。

图5-176

4. 常见金属材质制作——(拉丝金属)

⭐ 1 下面再制作一种拉丝金属材质。按M键打开"材质编辑器"对话框，选择一个空白材质球，单击 Standard 按钮，在弹出的"材质/贴图浏览器"对话框中，选择 ● VRayMtl 材质类型，参数设置如图5-177所示。

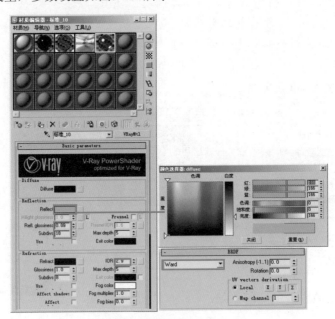

图5-177

⭐ 2 单击Maps展卷栏中的Diffuse贴图通道按钮，在弹出的"材质/贴图浏览器"中选择 Bitmap(位图)贴图，参数设置如图5-178所示。贴图文件为本书附带光盘提供的"实例\第5章\金属烟灰缸\材质\steelscratch1.jpg"文件。

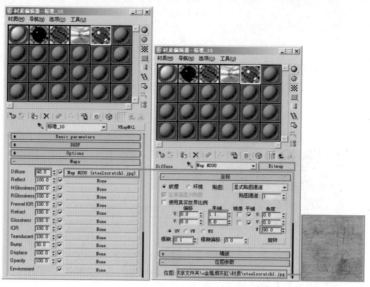

图5-178

3 拖动Diffuse通道按钮到Bump通道按钮上，在弹出的"复制(实例)贴图"对话框中选择"复制"选项，将Bump通道中的贴图素材改为本书附带光盘提供的"实例\第5章\金属烟灰缸\材质\steelscratch2.jpg"文件，如图5-179所示。

4 将材质命名为"拉丝金属"，单击 按钮，将材质指定给物体"金属部分"，对相机视图进行渲染，效果如图5-180所示。

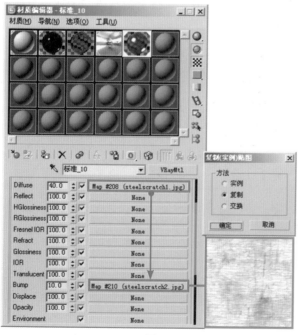

图5-179

图5-180

5.常见金属材质制作——(磨砂金属)

[1] 按M键打开"材质编辑器"对话框，选择一个空白材质球，单击 `Standard` 按钮，在弹出的"材质/贴图浏览器"对话框中选择 VRayMtl 材质，参数设置如图5-181所示。

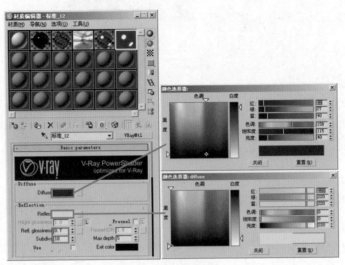

图5-181

[2] 将材质命名为"磨砂金属"，单击 按钮，将材质指定给物体"金属部分"，对相机视图进行渲染，效果如图5-182所示。

图5-182

第 6 章　VRay特殊技术精讲

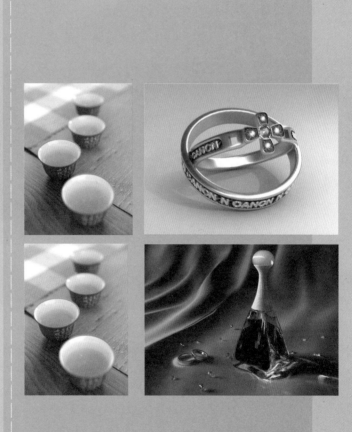

6.1 绚丽的焦散效果

在现实世界里，当光线通过曲面进行反射或在透明表面进行折射时，会产生小面积光线聚焦，这就是焦散(Caustic)效果。焦散效果是三维软件近几年才有的一种计算真实光线追踪的高级特效。在VRay渲染器中，焦散功能可以说是VRay引以为傲的功能。下面我们就通过VRay渲染器内置的焦散发生器来制作精美的焦散效果。

6.1.1 场景前期设置

1 打开本书所附光盘提供的"实例\第6章\焦散\焦散源文件.max"场景文件，该场景中灯光、材质和相机已经设置好，如图6-1所示。

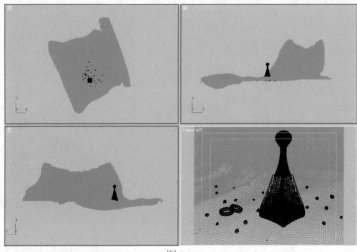

图6-1

2 按F10键打开"渲染场景"对话框，进入"渲染器"选项卡，为了提高渲染速度，在 `V-Ray:: Irradiance map` (发光贴图)卷展栏中的Mode选项组中调用已经事先保存好的发光贴图，如图6-2所示。发光贴图文件为本书所附光盘提供的"实例\第6章\焦散\焦散发光贴图.vrmap"文件。

图6-2

3 此时没有设置焦散的效果如图6-3所示。

图6-3

6.1.2　开启焦散设置

⭐ 1　打开"渲染场景"对话框,进入"渲染器"选项卡,在 V-Ray:: System 卷展栏中单击 Lights settings... 按钮,在弹出的对话框中选中场景中的灯光"Direct01",参数设置如图6-4所示。

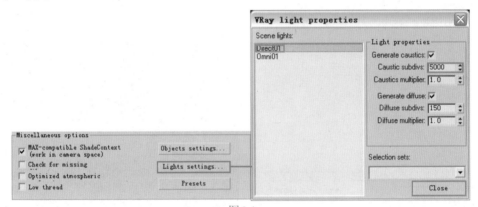

图6-4

⭐ 2　打开 V-Ray:: Caustics (焦散)卷展栏,勾选On复选框,其中参数保持默认,如图6-5所示。渲染效果如图6-6所示。

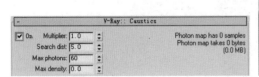

图6-5

图6-6

★ 3 增大"Direct01"灯光的焦散细分值，设置如图6-7所示。再次渲染效果如图6-8所示。仔细观察可以发现焦散变得更加细腻了。

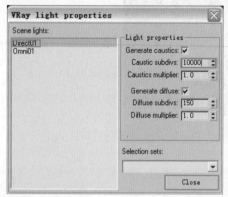

图6-7　　　　　　　　　　　　　　　　　图6-8

> 提示：灯光的焦散细分值越高焦散细节越多，但渲染时间越长。

★ 4 从渲染图中可以看到，焦散强度很弱。下面来增加 Multiplier: 值，从而提高焦散强度，如图6-9所示。渲染效果如图6-10所示。

图6-9　　　　　　　　　　　　　　　　　图6-10

★ 5 观察渲染效果可以看到，焦散效果已经很明显，但有一些光斑。下面通过设置 Max photons: 的数值来弱化光斑效果，如图6-11所示。渲染效果如图6-12所示。

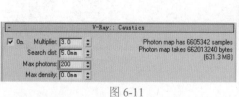

图 6-11　　　　　　　　　　　　　　　　图6-12

6 观察渲染效果可以看到焦散效果已经很精美，下面来保存焦散效果的光子贴图。在 V-Ray:: Caustics (焦散)卷展栏中勾选Auto save和Switch to saved map两个选项，然后单击 Auto save右侧的按钮，设置光子贴图的保存路径和保存名称。如图6-13所示。

图6-13

7 渲染完毕，焦散效果的光子贴图被保存到了指定的位置。最后再设置等比例的大尺寸进行最终渲染出图，渲染时就会自动加载已经保存好的光子贴图，无需再重新计算焦散光子。

> 提示：对于不同的场景相同的焦散参数会产生不同的效果，这就需要我们在实际应用过程中根据场景来调整焦散参数，从而得到完美的焦散效果。

6.2 梦境般的景深效果

在2.13.2小节中，我们已经对景深参数做了详细的讲解，虽然在一般的商业效果图中是用不到这种效果的，但是如果在某些配图里使用景深效果，那么会给人一种意想不到的静谧感，下面我们就为一个茶杯的场景添加景深效果。

6.2.1 场景前期设置

1 打开本书所附光盘提供的"实例\第6章\景深\茶杯景深源文件.max"场景文件，如图6-14所示。场景中灯光、材质和相机已经设置好。

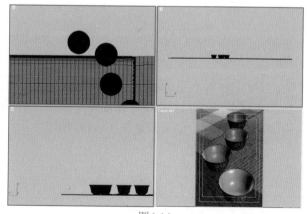

图6-14

★ 2 按F10键打开"渲染场景"对话框，进入"渲染器"选项卡，为了提高渲染速度，在 `V-Ray:: Irradiance map` (发光贴图)卷展栏中的Mode选项组中调用已经事先保存好的发光贴图，如图6-15所示。发光贴图文件为本书所附光盘提供的"实例\第6章\景深\茶杯景深发光贴图.vrmap"文件。

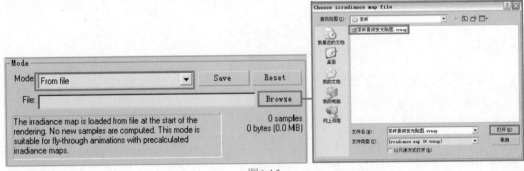

图6-15

★ 3 此时没有设置景深,对相机视图进行渲染,效果如图6-16所示。

图6-16

> 提示：渲染面板中除"景深"以外的参数已经设置好。

6.2.2 开启景深设置

★ 1 打开"渲染场景"对话框，进入"渲染器"选项卡，在 `V-Ray:: Camera` (相机)卷展栏中，勾选Depth of field选项组中的On复选框，激活景深设置，如图6-17所示。在保持相机角度不变，景深为默认设置的情况下，渲染效果如图6-18所示。

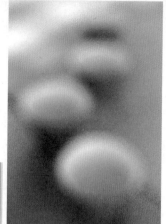

图6-17　　　　　　　　　　　　　　　　图6-18

提示：此时由于焦距较短，整个场景都在焦距之外，所以渲染图是全部模糊的。

　2　Focal dist为焦距，这个值决定相机与清晰物体之间的距离，当物体靠近或远离这个位置时将变模糊。如图6-19所示，设置一个合适的Aperture(光圈)值，通过改变焦距大小，调整不同的景深效果。

图6-19

3 在焦距确定的情况下，通过调整Aperture(光圈)设置值，可以控制景深的模糊程度。如图6-20所示分别为将光圈值设置为10和100时的效果。

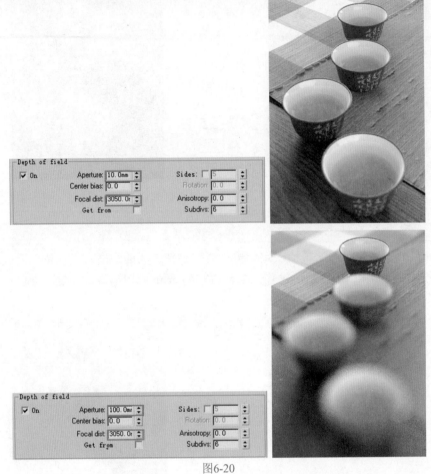

图6-20

4 增大Center bias(中央偏移)值可以使模糊部分产生多重影子的效果，将Center bias值设置为50，效果如图6-21所示。

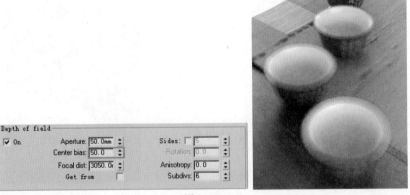

图6-21

5 勾选Get from camera复选框，焦距将由相机到目标点的距离来决定，Focal dist值将不起作用。观察相机目标点在近处的第二个杯子上，设置如图6-22所示，此时渲染效果如图6-23所示。

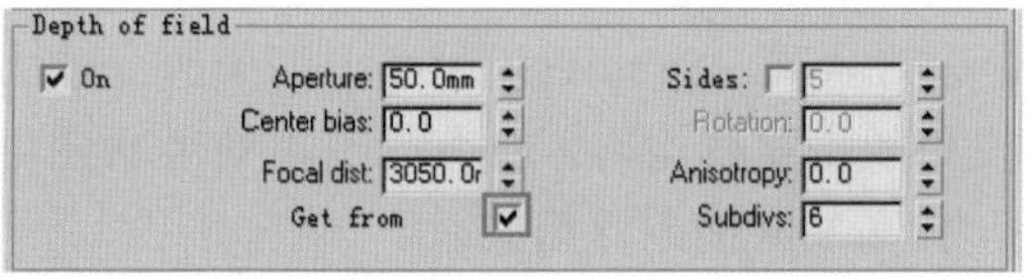

图6-22

图6-23

6 Anisotropy为各向异性，当设置值为正数时在水平方向延伸景深效果，如图6-24所示为将Anisotropy设置为0.5时的效果。当设置值为负数时在垂直方向延伸景深效果，如图6-25所示为Anisotropy设置为-0.5时的效果。

图6-24

图6-25

★ 7 Subdivs为细分，这个选项控制着景深的品质。Subdivs值越小，渲染速度越快，同时产生的噪点越多；相反，Subdivs值越大，模糊效果就越均匀，没有噪点，同时就会花费更多的渲染时间。如图6-26所示，分别为细分值为2和20时的景深效果。

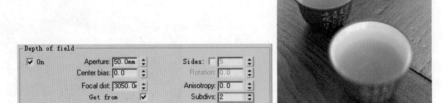

图6-26

6.3　VRay置换贴图

在VRay渲染器中，贴图并不是仅仅局限于纹理，通过VRay置换贴图也可以用于表现更为复杂的材质，甚至可以用来建立模型。

置换贴图是一种为场景中几何体增加细节的技术，这个概念非常类似于凹凸贴图，但是凹凸贴图只是改变了物体表面的外观，属于一种肌理效果，而置换贴图确实真正的改变了表面的几何结构，可以真正生成模型。

6.3.1　认识VRay的置换贴图

不同于其他贴图VRay置换贴图需要借助VRayDisplacementMod(VRay置换修改器)来实现，该修改器的参数面板如图6-27所示。

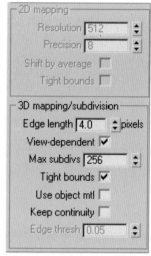

图6-27

其中主要参数的作用如下：

1. Type选项组

其中的选项主要用来设定贴图置换的方法。

● 2D mapping(landscape)：二维贴图方式，这种方法是基于预先获得的纹理贴图来进行置换的，置换表面渲染的时候是根据纹理贴图的高度区域来实现的，置换表面的光影追踪实际上是在纹理空间进行的，然后再返回到3D空间。这种方法的优点就是可以保护置换贴图中的所有细节。但是它需要物体具有正确的贴图坐标，所以选用这种方法的时候，不能将3D程序贴图或者其他使用物体或世界坐标的纹理贴图作为置换贴图使用。置换贴图可以使用任何值(与3D贴图方式正好相反，它会忽略0～1以外的任何值)。

● 3D mapping：3D 贴图方式，这是一种常规的方法，将物体的原始表面的三角面进行细分，按照用户定义的参数把它划分成更细小的三角面，然后对这些细小的三角面进行置换。它可以使用各种贴图坐标类型进行任意的置换。这种方法还可以使用在物体材质中指定的置换贴图。值得注意的是3D 置换贴图的范围在0~1 之间，在这个范围之外的都会被忽略。

> **注意：** 3D 置换贴图是通过物体几何学属性来控制的与置换贴图关系不大。所以几何体细分程度不够的时候，置换贴图的某些细节可能会被丢失。

2. Common params选项组

- **Texmap：** 纹理贴图，选择置换贴图，可以是任何类型的贴图—位图、程序贴图、2 维或3 维贴图等。
- **Texture channel：** 贴图通道，贴图置换将使用UVW 通道，如果使用外部UVW 贴图，这将与纹理贴图内建的贴图通道相匹配。但是在"使用物体材质"选项勾选的时候，将会被忽略。
- **Filter texmap：** 纹理贴图过滤，勾选将使用纹理贴图过滤。但是在"使用物体材质"选项勾选的时候，将会被忽略。
- **Amount：** 数量，定义置换的数量。如果为0，则表示物体没有变化，较大的值将产生较强烈的置换效果，这个值可以取负值，在这种情况下，物体将会被凹陷下去。
- **Shift：** 变换，这个参数指定一个常数，它将被添加到置换贴图评估中，有效地沿着法线方向上下移动置换表面。它可以是任何一个正数或负数。
- **water level：** 这个选项可以在使用置换贴图的物体中，切断受到指定值以下的影响的部分。后面的数值用来指定要切断的部分的值。

3. 2D mapping选项组

- **Resolution：** 确定在VRay中使用的置换贴图的分辨率，如果纹理贴图是位图，将会很好地按照位图的尺寸匹配。对于二维程序贴图来说，分辨率要根据在置换中希望得到的品质和细节来确定。注意VRay也会自动基于置换贴图产生一个法向贴图，来补偿无法通过真实的表面获得的细节。
- **Precision：** 精度，这个参数与置换表面的曲率有关，平坦的表面精度相对较低(对于一个极平坦的表面甚至可以使用1)，崎岖的表面则需要较高的取值。在置换过程中如果精度取值不够，可能会在物体表面产生黑斑，不过此时计算速度很快。
- **Shift by average：** 基于均值变动，根据置换贴图的变换的平均值自动计算移动值。
- **Tight bounds：** 这个选项可以表现精确的立体感，渲染时间会延长。

4. 3D mapping/subdivision选项组

- **Edge length：** 边长度，确定置换的品质，原始网格物体的每一个三角形被细分成大量的更细小的三角形，越多的细小三角形就意味着在置换中会产生更多的细节，占用更多的内存以及更慢的渲染速度，反之亦然。它的含义取决于下面视图依赖(View-dependent)参数的设置。
- **View-dependent：** 根据视图确定，勾选的时候，边长度以像素为单位确定细小三角形边的最大长度，值为1，意味着每一个细小三角形投射到屏幕上的最长边的长度是1像素；当不勾选的时候，则是以世界单位来确定细小三角形的最长边的长度。

● **Max. subdivs**：最大细分值，确定从原始网格的每一个三角面细分得到的细小三角形的最大数量，实际上产生的三角形的数量是以这个参数的平方值来计算的。例如，256意味着在任何原始的三角面中最多产生256×256＝65536个细小三角形。把这个参数值设置的太高是不可取的，如果确实需要得到较多的细小三角形的，最好用进一步细分原始网格的三角面的方法代替。

● **Tight bounds**：勾选的时候，VRay将视图计算来自原始网格的被置换三角形的精确跳跃量。这需要对置换贴图进行预采样，如果纹理具有大量黑或者白的区域的话，渲染速度将很快；如果在纯黑和纯白之间变化很大的话，置换评估会变慢。在某些情况下，关闭它也许可能很快速，因为此时VRay将假设最差的跳跃量，并不对纹理进行预采样。

● **Use object mtl**：使用物体材质，勾选的时候，VRay会从物体材质内部获取置换贴图而不理会这个修改器中关于获取置换贴图的设置。注意，此时应该取消3ds max 自身的置换贴图功能(位于渲染场景的常规卷展栏下面)。

● **Keep continuity**：保持连续性，使用置换贴图会导致边角部分的分裂，这个选项可以避免这种现象的发生。

● **Edge thresh**：当保持连续性勾选的时候，它控制在不同材质ID号之间进行混合的面贴图的范围。数值越低，边角部分分裂的现象会越少。

> 注意：VRay只能保证边连续，不能保证顶点连续(换句话说，沿着边的表面之间将不会有缺口，但是沿着顶点的则可能有裂口)，因此必须将这个参数设置的小一点。

6.3.2　利用置换贴图制作雕花戒指效果

1 打开本书所附光盘提供的"实例\第6章\置换\置换贴图源文件.max"文件，如图6-28(左)所示。该文件中的灯光、相机、渲染参数以及物体的材质及UVW贴图坐标都已经已经设置完毕。对相机视图进行渲染效果如图6-28(右)所示。

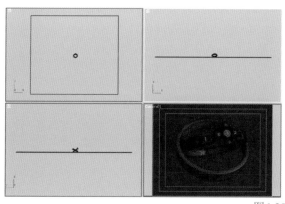

图6-28

2 从图中可以看到戒指的整体效果已经很好，只是文字雕花部分没有凹凸。下面我们就来为戒指制作更真实的雕花效果。首先为了更清楚地观察物体的置换效果，我们使用一种灰色材质将场景中的物体材质替代。按M键打开"材质编辑器"对话框，选择一个空白材质球，单击 Standard 按钮，在弹出的"材质/贴图浏览器"对话框中选择VrayMtl材质，将材质命名为"替换材质"，参数设置如图6-29所示。

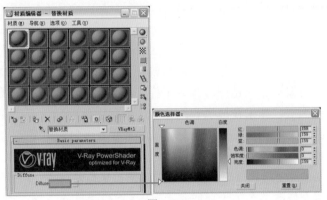

图6-29

⭐ 3 然后按F10键打开"渲染场景"对话框，进入 V-Ray:: Global switches (全局参数)卷展栏，勾选Override选项，然后将刚制作好的材质球拖到它右侧的 None 贴图按钮上，在弹出的"实例(副本)材质"对话框中选择"实例"选项进行关联复制，如图6-30所示。

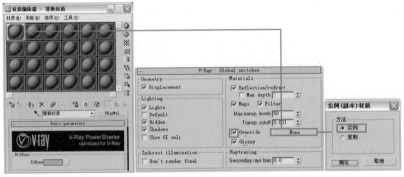

图6-30

⭐ 4 下面为男士戒指边缘制作雕花效果。选择物体"男士戒指雕花部分"进入修改面板，在"修改器列表"中选择VRayDisplacementMod修改器，如图6-31所示。

⭐ 5 在置换贴图参数卷展栏中单击Texmap贴图按钮为其添加一张位图贴图，贴图素材为本书所附光盘提供的"实例\第6章\置换\戒指贴图.jpg"文件，如图6-32所示。

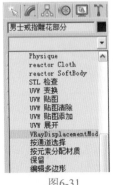

图6-31

图6-32

★6 按M建打开"材质编辑器"对话框，将置换修改器中的贴图拖动到一个空白材质球上，以实例方式进行关联复制，如图6-33所示。

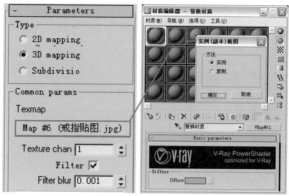

图6-33

★7 对置换贴图进行编辑，如图6-34所示。对戒指的局部进行放大渲染，效果如图6-35所示。

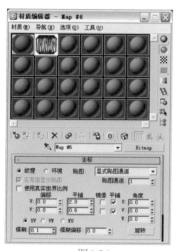

图6-34

图6-35

★8 从图中可以看到比较明显的置换效果，下面对置换修改器中的部分参数进行设置，如图6-36所示。局部渲染效果如图6-37所示。

图6-36

图6-37

⭐ 9 从图中可以看到置换效果变得更加明显了。下面为物体"女士戒指边缘雕花部分"添加置换修改器。然后将"材质编辑器"对话框中的置换贴图拖动到置换修改器参数卷展栏中的Texmap贴图按钮上，进行关联复制，如图6-38所示。

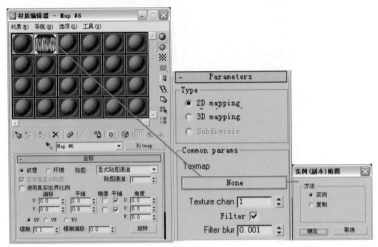

图6-38

⭐ 10 观察置换修改器参数卷展栏中的参数可以发现，系统保留了上一次对置换参数的设置。对"女士戒指边缘雕花部分"进行局部放大渲染，效果如图6-39所示。

图6-39

⭐ 11 下面来制作女式戒指中部的雕花效果。首先选择物体"中部雕花1"，进入修改面板，为其添加一个置换修改器，在其置换参数卷展栏中单击Texmap贴图按钮为其添加一张位图贴图，贴图素材为本书所附光盘提供的"实例\第6章\置换\戒指贴图2.jpg"文件，如图6-40所示。对其置换参数进行修改，如图6-41所示。

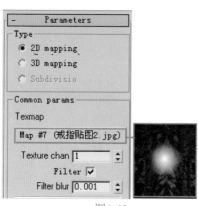

图6-40　　　　　　　　　　　　　　图6-41

12　按M建打开"材质编辑器"对话框，将置换修改器中的贴图拖动到一个空白材质球上，以实例方式进行关联复制，如图6-42所示。

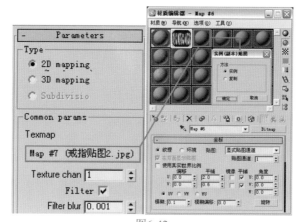

图6-42

13　对中部雕花的置换贴图进行修改，如图6-43所示。对"中部雕花1"进行局部放大渲染效果如图6-44所示。

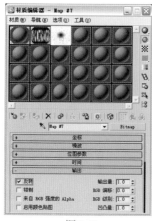

图6-43

图6-44

★ 14 　参照第11步的方法为为物体"中部雕花2"、"中部雕花3"和"中部雕花4"添加置换修改器。整体渲染效果如图6-45所示。

图6-45

★ 15 　按F10键打开"渲染场景"对话框，进入 V-Ray:: Global switches (全局参数)卷展栏，取消对Override选项的勾选。最终渲染效果如图6-46所示。

图6-46

第 章　写实静物表现

7.1 欧式灯笼场景表现

本节中我们将讲解一个欧式灯笼场景的完整表现过程，如图7-1所示为该场景的模型边线效果，如图7-2所示为进行后期处理后的最终效果。

图 7-1　　　　　　　　　　　　　　　图7-2

主要灯光类型：泛光灯、VRayLight
主要材质类型：大理石、布
技术要点：主要掌握使用泛光灯模拟烛光效果及大理石材质的制作方法
如图7-3所示为欧式灯笼场景的简要制作流程。

环境光照明效果　　　　布光后效果　　　　最终渲染效果　　　　后期处理效果

图7-3

71.1 场景相机布置

⭐ 1 打开本书所附光盘提供的"实例\第7章\欧式灯笼\欧式灯笼源文件.max"场景文件，如图7-4所示。

图7-4

⭐ 2 首先为场景添加一个相机。单击 按钮进入创建命令面板，在顶视图中创建一个目标相机，进入 修改命令面板，在"参数"展卷栏中设置相机的参数，如图7-5所示。然后按F10键打开"渲染场景"对话框，进入"公用"选项卡，在"公用参数"展卷栏中设置输出大小，如图7-6所示。

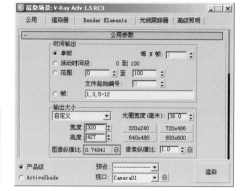

图7-5   图7-6

⭐ 3 在透视图中按C键将其更改为Camera01视图，然后在相机视图的视口标签处单击鼠标右键，在弹出的菜单中选择"显示安全框"选项，然后对相机位置进行调整，如图7-7所示。

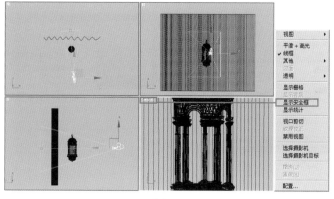

图7-7

7.1.2 测试渲染参数设置

1 按F10键打开"渲染场景"对话框，我们已经事先选择了VRay渲染器。进入"渲染器"选项卡，在 `V-Ray:: Global switches` (全局参数)展卷栏下设置全局参数，如图7-8所示。

2 在 `V-Ray:: Image sampler (Antialiasing)` (抗锯齿采样)展卷栏中设置参数，如图7-9所示。

图7-8

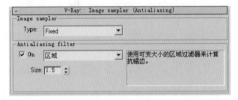

图7-9

3 在 `V-Ray:: Indirect illumination (GI)` (间接照明)展卷栏下设置参数，如图7-10所示。勾选卷展栏中的On复选框后，该卷展栏中的参数将全部可用(未勾选前呈灰色显示)。

4 在 `V-Ray:: Irradiance map` (发光贴图)展卷栏中设置参数，如图7-11所示。

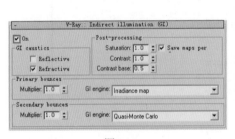

图7-10

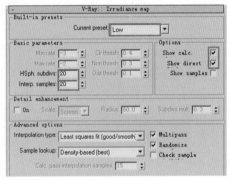

图7-11

5 打开 `V-Ray:: Environment` (环境)展卷栏，在GI Environment (skylight) override选项组中勾选On复选框，并调节颜色块，如图7-12所示。

图7-12

6 在 `V-Ray:: Color mapping` 展卷栏中设置参数，如图7-13所示。

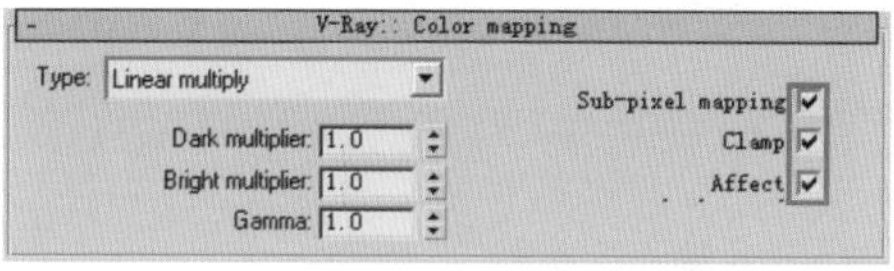

V-Ray:: Color mapping

Type: Linear multiply　　　Sub-pixel mapping ☑
Dark multiplier: 1.0　　　Clamp ☑
Bright multiplier: 1.0　　　Affect ☑
Gamma: 1.0

图7-13

7. 此时对相机视图进行渲染，效果如图7-14所示。

图7-14

> 提示：为了提高测试渲染时的渲染速度，我们将渲染参数都设置的比较低，这样就
> 会导致渲染图中出现明显的黑斑，在最终渲染时将渲染参数调高就会解决这
> 个问题。

7.1.3　灯光布置

1 进入创建面板，单击按钮，在下拉列表中选择VRay，在"对象类型"卷展栏中单击 **VRayLight** 按钮，然后在前视图中创建一盏 **VRayLight** ，设置其参数，然后在其他视图中调节灯光的方向及位置，如图7-15所示。

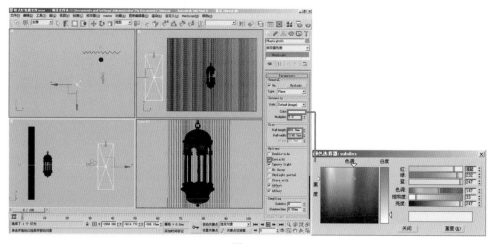

图7-15

2 在前视图中创建第二盏 **VRayLight** ，在顶视图中对其进行关联复制，灯光的参

数、方向及位置如图7-16所示。

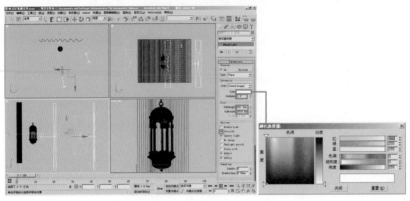

图7-16

⭐ 3 进入创建面板，单击 按钮，在下拉列表中选择"标准"，在"对象类型"卷展栏中单击 泛光灯 按钮，在视图中创建一盏泛光灯，其位置参数设置如图7-17所示。

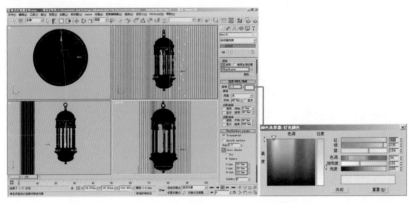

图7-17

⭐ 4 场景中的灯光布置基本完成，对相机视图进行渲染，效果如图7-18所示。

图7-18

提示：由于场景中物体材质均为白色，所以渲染效果曝光很严重，物体被赋予材质后就会解决这个问题。

7.1.4 欧式灯笼场景材质表现

1. 帘子材质制作

★ 1 下面开始制作场景材质。按M键打开"材质编辑器"对话框，选择一个空白材质球，单击 Standard 按钮，在弹出的"材质/贴图浏览器"对话框中选择 ● VRayMtl 材质，将材质命名为"帘子"，参数设置如图7-19所示。

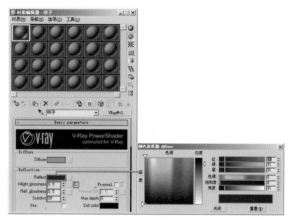

图7-19

★ 2 单击Diffuse贴图按钮，在弹出的"材质/贴图浏览器"对话框中选择"混合"贴图，参数设置如图7-20所示。

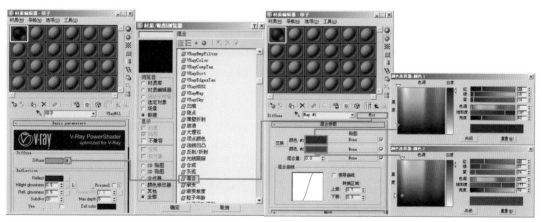

图7-20

★ 3 在"混合"贴图层级，单击"混合量"右侧的 None 贴图按钮，在弹出的"材质/贴图浏览器"对话框中选择Bitmap(位图)贴图，参数设置如图7-21所示。贴图文件为本书所附光盘提供的"实例\第7章\欧式灯笼\材质\bj.jpg"文件。

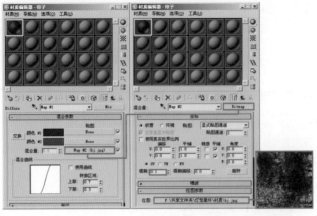

图7-21

⭐ 4 在场景中选择物体"帘子"，单击 🖳 按钮，将材质指定给物体，然后进入 🎨 修改命令面板，为物体"帘子"添加一个 UVW 贴图 修改器，参数设置如图7-22所示。对相机视图进行渲染，效果如图7-23所示。

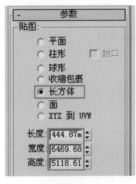

图7-22　　　　　　　　　　图7-23

2. 灯笼材质制作

⭐ 1 下面开始制作灯笼的材质。按M键打开"材质编辑器"对话框，选择一个空白材质球，将材质设置为 ●VRayMtl 材质，将材质命名为"灯笼"，参数设置如图7-24所示。

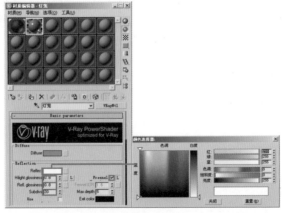

图7-24

2 单击Diffuse贴图按钮，在弹出的"材质/贴图浏览器"对话框中选择"混合"贴图，在"混合"贴图层级，单击"颜色#1"的贴图按钮，在弹出的"材质/贴图浏览器"对话框中选择Bitmap(位图)贴图，参数设置如图7-25所示。贴图文件为本书所附光盘中所提供的"实例\第7章\欧式灯笼\材质\1.bmp"文件。

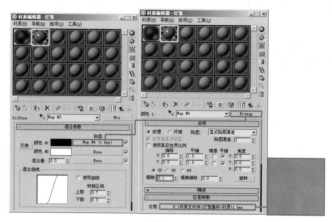

图7-25

3 返回"混合"贴图层级，将"颜色#1"的贴图分别复制给"颜色#2"和"混合量"，然后将"颜色#2"和"混合量"的位图贴图分别改为本书所附光盘中提供的"实例\第7章\欧式灯笼\材质\2.bmp"和"实例\第7章\欧式灯笼\材质\td.jpg"文件，如图7-26所示。

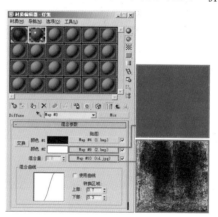

图7-26

4 返回 VRayMtl 材质层级，单击 Hilight glossiness 的贴图按钮，在弹出的"材质/贴图浏览器"对话框中选择Bitmap(位图)贴图，贴图文件为本书所附光盘中所提供的"反射贴图.bmp"文件。然后将 Hilight glossiness 的贴图按钮向下拖动到 Refl. glossiness 的贴图按钮上，在弹出的"复制(实例)贴图"对话框中选择"实例"选项进行关联复制，如图7-27所示。

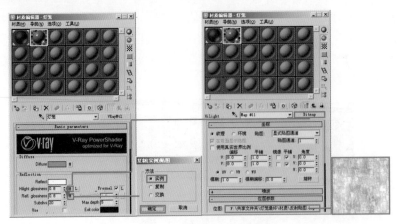

图7-27

⭐ 5 单击 按钮，将材质指定给物体"灯笼"，此时对相机视图进行渲染，效果如图7-28所示。

图7-28

7.1.5 最终渲染设置

1. 提高灯光细分值

提高灯光细分可以有效地减少杂点。

⭐ 1 将场景中所有 **VRayLight** 的灯光细分值都设置为32，如图7-29所示。

⭐ 2 选择泛光灯"Omni01"，进入修改面板，在VRayShadows Parameters卷展栏中设置灯光细分值为32，如图7-30所示。

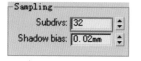

图7-29 图7-30

2. 设置高质量渲染参数并最终渲染

⭐ **1** 按F10进入"渲染场景"对话框，在 **V-Ray:: Irradiance map** (发光贴图)展卷栏中设置参数。然后对发光贴图进行保存，以便最终渲染时能够提高渲染速度，在On render end选项组中，勾选Don't delete、Auto save和Switch to saved map复选框，单击Auto save后面的 **Browse** 按钮，在弹出的Auto save irradiance map(自动保存发光贴图)对话框中输入要保存的.vrmap文件的名称及路径。具体设置如图7-31所示。

⭐ **2** 在保存发光贴图进行的渲染设置中可以不调节抗锯齿参数，在渲染对话框的"公用"面板中设置图像的尺寸，如图7-32所示。

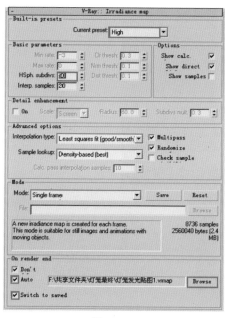

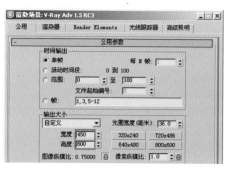

图 7-31 图7-32

⭐ **3** 对相机视图进行渲染，渲染结束后，保存的发光贴图将自动转换到From file选项中，此时已经拥有了一个*.vrmap后缀的发光贴图文件。

⭐ **4** 进入"渲染场景"对话框的"公用"面板，设置较大的渲染图像尺寸，如图7-33所示。这样比直接渲染大尺寸图像节省了很多时间。

5　最后进行抗锯齿参数设置。按F10打开"渲染场景"对话框，进入"渲染器"选项卡，在 V-Ray:: Image sampler (Antialiasing) (抗锯齿采样)展卷栏中设置参数，如图7-34所示。

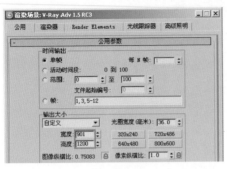

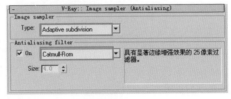

图 7-33　　　　　　　　　　　　　图7-34

6　使用Photoshop为最终渲染文件进行后期处理后的效果如图7-35所示。

图7-35

7.2　餐盘场景表现

本节中我们将讲解一个餐盘场景的完整表现过程，如图7-36所示为该场景的模型边线效果，如图7-37所示为进行后期处理后的最终效果。

图7-36

图7-37

主要灯光类型：VRayLight

主要材质类型：有色金属、不锈钢、磨砂金属、瓷、清波、咖啡、牛奶、蛋皮、纸

技术要点：主要掌握小场景中VRayLight的应用以及各种常见材质的制作

如下图所示为餐盘场景的简要制作流程。

布置一盏VRayLight

布置第二盏VRayLight

最终渲染效果

7.2.1 测试渲染参数设置

1 打开本书所附光盘提供的"实例\第7章\餐盘\精品餐盘源文件.max"场景文件，场景中相机角度已经设置好，如图7-38所示。

图7-38

2 为了减少测试渲染时间，首先为场景设置低质量的渲染参数。按F10键打开"渲染场景"对话框，VRay渲染器已经在事先被选择好。进入"渲染器"选项卡，在 `V-Ray:: Global switches` (全局参数)卷展栏下设置全局参数，如图7-39所示。

3 在 `V-Ray:: Image sampler (Antialiasing)` (抗锯齿采样)卷展栏中设置参数，如图7-40所示。

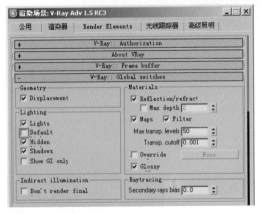

图7-39

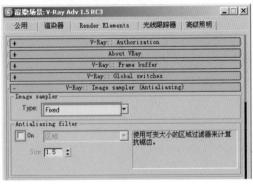

图7-40

4 在 `V-Ray:: Indirect illumination (GI)` (间接照明)卷展栏下设置参数，如图7-41所示。勾选卷展栏中的On复选框后，该卷展栏中的参数将全部可用(未勾选前呈灰色显示)。

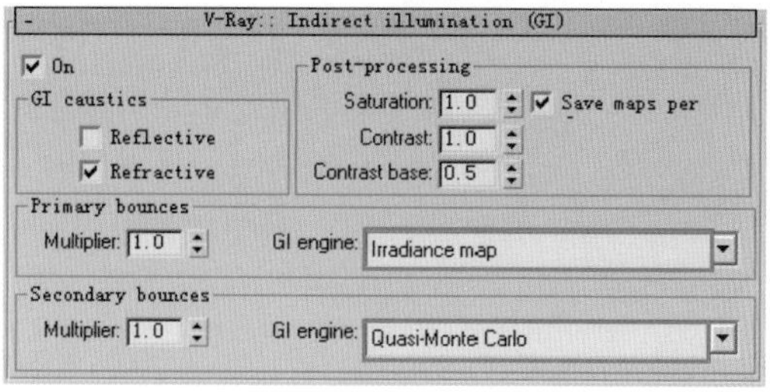

图7-41

5 在 `V-Ray::Irradiance map`(发光贴图)卷展栏中设置参数，如图7-42所示。

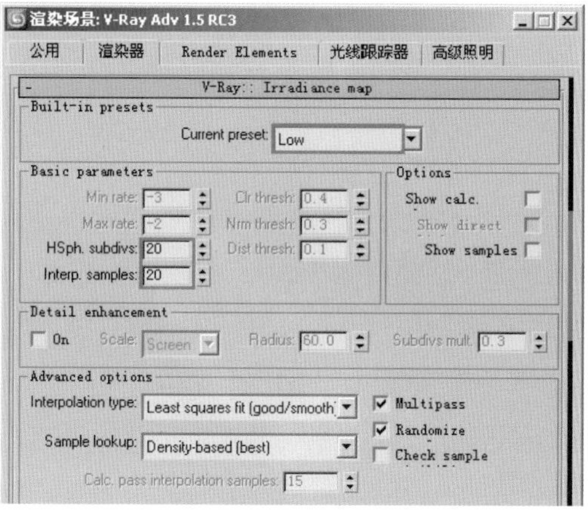

图7-42

提示：此卷展栏只有在 `V-Ray::Indirect illumination (GI)`(间接照明)卷展栏中的一次反弹方式中选择了Irradiance map时才会出现。

6 在 `V-Ray::Environment`(环境)卷展栏中设置参数，如图7-43所示。

图7-43

7 在 `V-Ray::Color mapping` 卷展栏写设置参数，如图7-44所示。

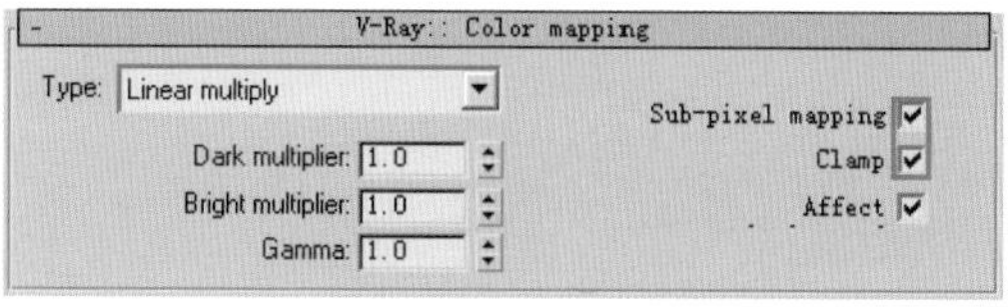

图7-44

8 此时对相机视图进行渲染，效果如图7-45所示。

图7-45

7.2.2 灯光布置

⭐ 1 下面将为场景布置灯光。进入 创建命令面板，单击 灯光按钮，在其下拉列表中选择VRay类型，然后单击 **VRayLight** 按钮，在前视图中创建一盏VRayLight，设置其参数，在视图中调整它的位置，如图7-46所示。

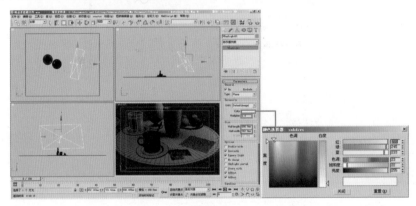

图7-46

⭐ 2 此时对相机视图进行渲染，效果如图7-47所示。

图7-47

⭐ 3 继续在前视图中创建一盏VRayLight，其参数及位置如图7-48所示。

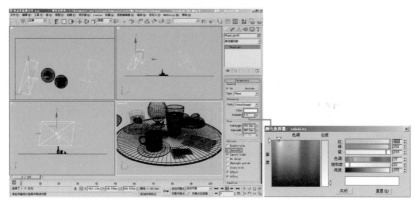

图7-48

4 对相机视图进行渲染，效果如图7-49所示。

图7-49

7.2.3 制作场景材质

1 在制作材质过程中，为了提高测试渲染速度，首先对场景的发光贴图进行保存。按F10键打开"渲染场景"对话框，进入"渲染器"选项卡，在 `V-Ray:: Irradiance map` (发光贴图)卷展栏中设置参数，如图7-50所示。对相机视图渲染结束后，发光贴图会被保存到指定路径并会在下次渲染时被调用。

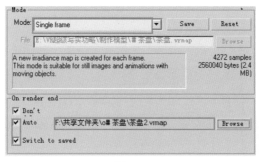

图7-50

2 制作材质前首先为背景添加HDR环境贴图。按8键进入"环境和效果"对话框，单击背景后面的贴图按钮，在弹出的"材质/贴图浏览器"对话框中选择 VRayHDRI 贴图，如图7-51所示。

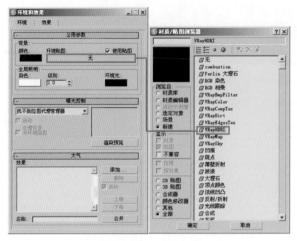

图7-51

3 按M键打开"材质编辑器"对话框，拖动背景贴图按钮到一个空白材质球上，以"实例"方式进行复制，将材质球命名为"环境"，设置其参数，如图7-52所示。贴图文件为本书所附光盘中所提供的"实例\第7章\餐盘\材质\kitchen.hdr"文件。

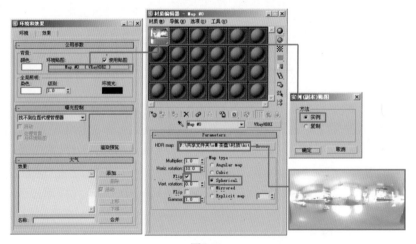

图7-52

4 下面开始制作场景材质。首先制作"桌面"材质。按M键打开"材质编辑器"对话框，选择一个空白材质球，单击 Standard 按钮，在弹出的"材质/贴图浏览器"对话框中选择 VRayMtl 材质，将材质命名为"桌面"，单击Diffuse贴图按钮，在弹出的"材质/贴图浏览器"对话框中选择"位图"贴图，参数设置如图7-52所示。贴图文件为本书所附光盘中提供的"实例\第7章\餐盘\材质\背景.bmp"文件。

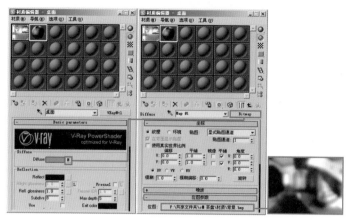

图7-53

★ 5 将材质指定给物体"桌面",渲染效果如图7-54所示。

图7-54

★ 6 接下来制作场景中的"托盘"材质。按M键打开"材质编辑器"对话框,选择一个空白材质球,将材质设置为 ⚫VRayMtl 材质,将材质命名为"托盘",单击Diffuse贴图按钮,在弹出的"材质/贴图浏览器"对话框中选择Bitmap(位图)贴图,参数设置如图7-55所示。将材质指定给物体"托盘"。贴图文件为本书所附光盘中提供的"实例\第7章\餐盘\材质\托盘.jpg"文件。

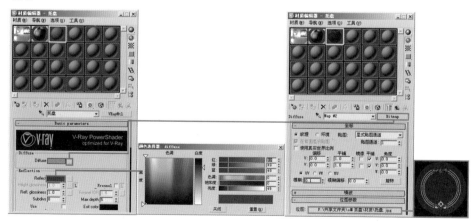

图7-55

★ 7 下面制作物体"托盘金边"材质。按M键打开"材质编辑器"对话框，选择一个空白材质球，将材质设置为 ⚫ VRayMtl 材质，将材质命名为"托盘金边"，参数设置如图7-56所示。

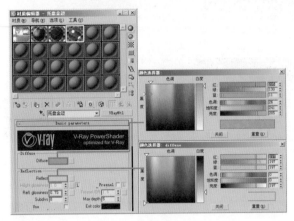

图7-56

★ 8 将材质指定给物体"托盘金边"，渲染效果如图7-57所示。

图7-57

★ 9 下面制作物体"瓷碟子"材质。按M键打开"材质编辑器"对话框，选择一个空白材质球，将材质设置为 ⚫ VRayMtl 材质，将材质命名为"瓷器"，参数设置如图7-58所示。

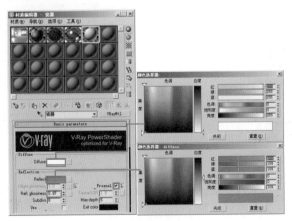

图7-58

10 将材质指定给物体"瓷碟子"和"咖啡杯",效果如图7-59所示。

图7-59

11 下面制作咖啡杯里的"咖啡"材质。按M键打开"材质编辑器"对话框,选择一个空白材质球,将材质设置为 ● **VRayMtl** 材质,将材质命名为"咖啡",参数设置如图7-60所示。

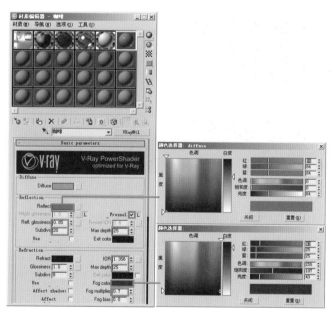

图7-60

12 单击"咖啡"材质的Diffuse贴图按钮,在弹出的"材质/贴图浏览器"对话框中选择Bitmap(位图)贴图,参数设置如图7-61所示。贴图文件为本书所附光盘中提供的"实例\第7章\餐盘\材质\咖啡.jpg"文件。将材质指定给物体"咖啡"。

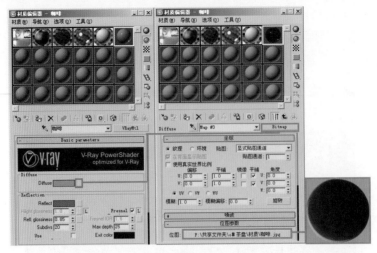

图7-61

★ 13 下面制作咖啡杯中的物体"勺子"材质。按M键打开"材质编辑器"对话框，选择一个空白材质球，将材质设置为 ● VRayMtl 材质，将材质命名为"磨砂金属"，参数设置如图7-62所示。将材质指定给物体"勺子"和"金属碟子"。

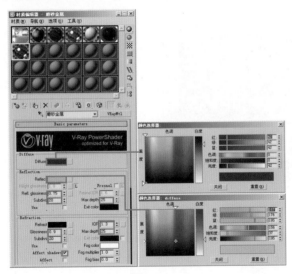

图7-62

★ 14 下面制作瓷碟子上的"鸡蛋"材质。按M键打开"材质编辑器"对话框，选择一个空白材质球，将材质设置为 ● VRayMtl 材质，将材质命名为"鸡蛋"，单击Diffuse贴图按钮，在弹出的"材质/贴图浏览器"对话框中选择Bitmap(位图)贴图，参数设置如图7-63所示。贴图文件为本书所附光盘中提供的"实例\第7章\餐盘\材质\鸡蛋.bmp"文件。

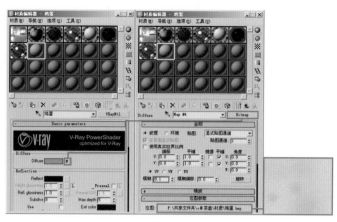

图7-63

⭐ 15 将材质指定给物体"鸡蛋",此时对相机视图进行渲染,效果如图7-64所示。

图7-64

⭐ 16 下面制作物体"瓶"材质。按M键打开"材质编辑器"对话框,选择一个空白材质球,将材质设置为 ● VRayMtl 材质,将材质命名为"拉丝金属",参数设置如图7-65所示。

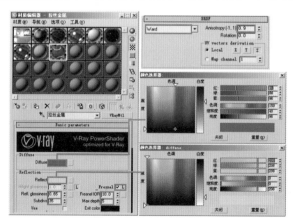

图7-65

⭐ 17 进入Maps卷展栏,单击Bump的贴图按钮,在弹出的"材质/贴图浏览器"对话框中选择"混合"贴图,然后单击"混合"贴图层级下的"颜色#1"的贴图按钮,在弹出的"材质/贴图浏览器"对话框中选择"噪波"贴图，参数设置如图7-66所示。

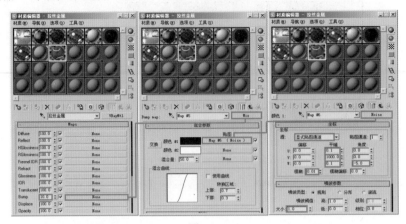

图7-66

★ 18 返回"混合"贴图层级，单击"颜色#2"的贴图按钮，在弹出的"材质/贴图浏览器"对话框中选择"噪波"贴图，参数设置如图7-67所示。

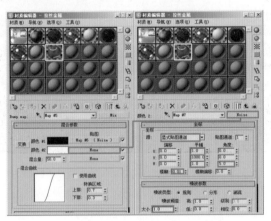

图7-67

★ 19 将材质指定给物体"瓶"，渲染效果如图7-68所示。

图7-68

20 下面制作场景中玻璃杯材质。按M键打开"材质编辑器"对话框,选择一个空白材质球,将材质设置为 **VRayMtl** 材质,将材质命名为"玻璃",参数设置如图7-69所示。

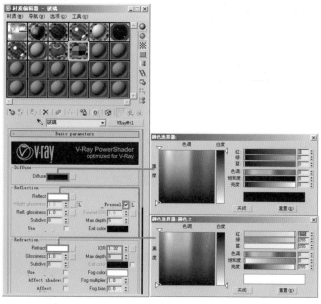

图7-69

21 将材质指定给物体"牛奶杯"和"水杯",渲染效果如图7-70所示。

图7-70

22 接下来制作水杯中的"水"材质。按M键打开"材质编辑器"对话框,选择一个空白材质球,将材质设置为 **VRayMtl** 材质,将材质命名为"水",参数设置如图7-71所示。

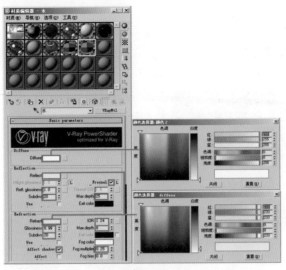

图7-71

★ 23 将材质指定给物体"水"，渲染效果如图7-72所示。

图7-72

★ 24 下面制作水中物体"柠檬"的材质。按M键打开"材质编辑器"对话框，选择一个空白材质球，将材质设置为 ⚫ **VRayMtl** 材质，将材质命名为"柠檬"，单击Diffuse贴图按钮，在弹出的"材质/贴图浏览器"对话框中选择Bitmap(位图)贴图，参数设置如图7-73所示。贴图文件为本书所附光盘中提供的"实例\第7章\餐盘\材质\Lemon-3.jpg"文件。

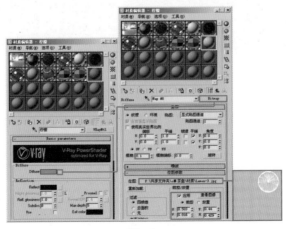

图7-73

25 返回 **VRayMtl** 材质层级，进入Maps卷展栏，单击Bump的贴图按钮，在弹出的"材质/贴图浏览器"对话框中选择Bitmap(位图)贴图，参数设置如图7-74所示。

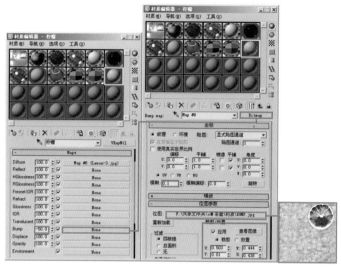

图7-74

26 将材质指定给物体"柠檬"，进入 修改命令面板，为物体"柠檬"添加 **UVW 贴图** 修改器，参数设置如图7-75所示。

27 为了使物体"柠檬"效果更加真实，在 修改命令面板中为其继续添加"噪波"修改器，参数设置如图7-76所示。

图7-75

图7-76

28 此时对相机视图进行渲染，效果如图7-77所示。

图7-77

⭐ 29 下面制作牛奶杯中的"牛奶"材质。按M键打开"材质编辑器"对话框，选择一个空白材质球，将材质设置为 ⬤ VRayMtl 材质，将材质命名为"牛奶"，参数设置如图7-78所示。

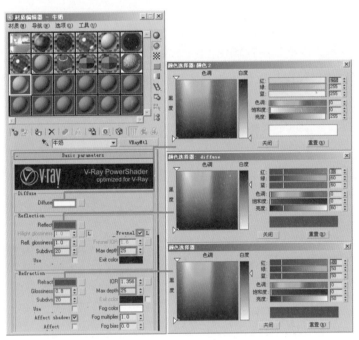

图7-78

⭐ 30 将材质指定给物体"牛奶"，对相机视图进行渲染，效果如图7-79所示。

图7-79

> 提示：从渲染效果中发现牛奶物体没有明暗变化，这是由于我们渲染时是调用的全白
> 材质时的发光贴图，由于计算发光贴图时牛奶杯子的材质不是玻璃材质，杯子
> 中的牛奶没有正常接受到灯的照射。在最终渲染时重新计算发光贴图就会解决
> 这个问题。

★31 下面开始制作场景中物体"单子"的材质。按M键打开"材质编辑器"对话框，选择一个空白材质球，将材质设置为 ● VRayMtl 材质，将材质命名为"纸片"，单击Diffuse贴图按钮，在弹出的"材质/贴图浏览器"对话框中选择Falloff(衰减)贴图，参数设置如图7-80所示。

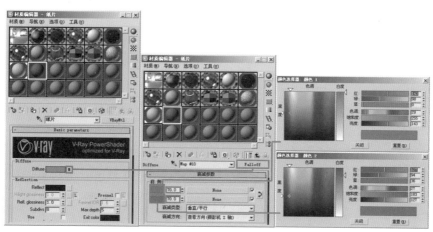

图7-80

★32 单击"衰减"贴图层级的"颜色#1"的贴图按钮，在弹出的"材质/贴图浏览器"对话框中选择"位图"贴图，设置其参数，然后返回"衰减"贴图层级，将"颜色#1"的贴图按钮拖到"颜色#2"的贴图按钮上以"实例"方式进行关联复制，如图7-81所示。贴图文件为本书所附光盘中提供的"实例\第7章\餐盘\材质\纸.jpg"文件。

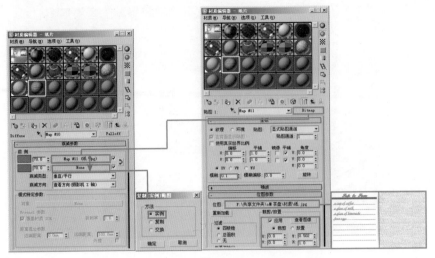

图7-81

⭐33 将材质指定给物体"单子"，进入 修改命令面板，为物体"单子"添加 UVW 贴图 修改器，参数设置如图7-82所示。

⭐34 继续在修改命令面板中为物体"单子"添加"噪波"修改器，参数设置如图 7-83所示。

图7-82　　　　　　　　　　图7-83

⭐35 将材质指定给物体"单子"，对相机视图进行渲染，效果如图7-84所示。

图7-84

36 下面制作物体"糖包"材质。按M键打开"材质编辑器"对话框，选择一个空白材质球，将材质设置为 **VRayMtl** 材质，将材质命名为"糖包"，单击Diffuse贴图按钮，在弹出的"材质/贴图浏览器"对话框中选择"位图"贴图，参数设置如图7-85所示。贴图文件为本书所附光盘中提供的"实例\第7章\餐盘\材质\标签.jpg"文件。

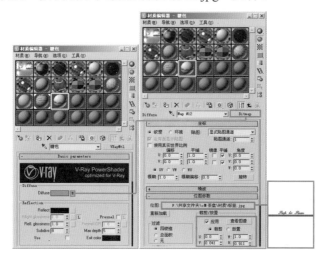

图7-85

37 将材质指定给物体"糖包"，对相机视图进行渲染，效果如图7-86所示。

图7-86

7.2.4 最终渲染设置

1 将场景中所有 **VRayLight** 的灯光细分值都设置为24，如图7-87所示。

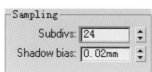

图7-87

提示：提高灯光细分可以有效的减少杂点。

2 下面重新对发光贴图进行保存。按F10进入"渲染场景"对话框，在 V-Ray:: Irradiance map (发光贴图)展卷栏中设置参数。然后在Mode选项组中，将模式改为 Single frame，具体设置如图7-88所示。

3 在保存发光贴图进行的渲染设置中可以不调节抗锯齿参数，在渲染对话框的"公用"选项卡中设置图像的尺寸，如图7-89所示。

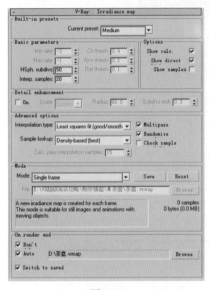

图7-88　　　　　　　　　　　　　　　　图7-89

提示：对相机视图进行渲染，渲染结束后，新的发光贴图将覆盖原有的发光贴图。

4 进入"渲染场景"对话框的"公用"选项卡，设置较大的渲染图像尺寸，如图 7-90所示。

5 下面进行抗锯齿参数设置。按F10打开"渲染场景"对话框，进入"渲染器"选项卡，在 V-Ray:: Image sampler (Antialiasing) (抗锯齿采样)展卷栏中设置参数，如图7-91所示。

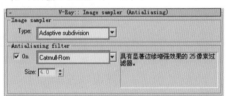

图7-90　　　　　　　　　　　　　　　　图7-91

6 最后在 V-Ray:: rQMC Sampler 卷展栏中设置参数，如图7-92所示。

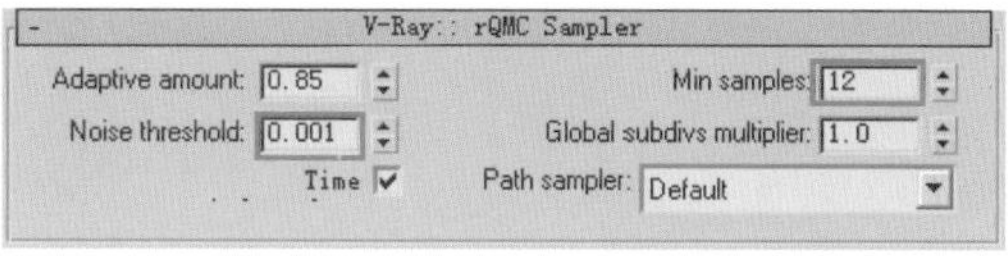

图7-92

★ 7　对相机视图进行渲染，最终渲染效果如图7-93所示。

图7-93

7.3　书桌场景表现

　　本节中我们将讲解一个书桌场景的完整表现过程，如图7-94所示为该场景的模型边线效果，如图7-95所示为进行后期处理后的最终效果。

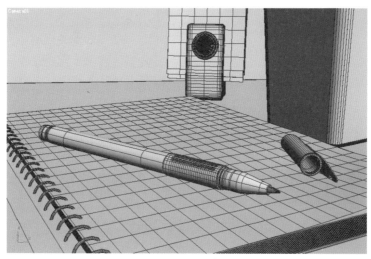

图7-94

图7-95

主要灯光类型：泛光灯、VRayLight

主要材质类型：塑料、纸、镂空材质、胶皮、金属、木材、油

技术要点：主要掌握镂空材质的制作及环境贴图的应用

如图7-96所示为书桌场景的简要制作流程。

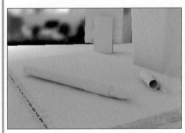
布置VRayLight后

布置泛光灯后

最终渲染效果

图7-96

7.3.1 测试渲染参数设置

★ 1 打开本书所附光盘提供的"实例\第7章\书桌场景\书桌场景源文件.max"场景文件，场景中相机参数已经设置好，如图7-97所示。

图7-97

⭐ 2 在前期测试渲染阶段为了降低渲染时间，首先设置低质量的渲染参数。按F10键打开"渲染场景"对话框，此时VRay已经是默认渲染器。进入"渲染器"选项卡，在 `V-Ray:: Global switches` (全局参数)卷展栏下设置全局参数，如图7-98所示。

⭐ 3 在 `V-Ray:: Image sampler (Antialiasing)` (抗锯齿采样)卷展栏中设置参数，如图7-99所示。

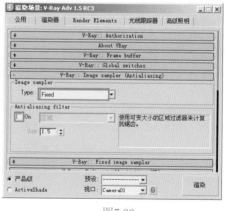

图7-98   图7-99

⭐ 4 在 `V-Ray:: Indirect illumination (GI)` (间接照明)卷展栏下设置参数，如图7-100所示。勾选卷展栏中的On复选框后，该卷展栏中的参数将全部可用(未勾选前呈灰色显示，不可操作状态)。

⭐ 5 在 `V-Ray:: Irradiance map` (发光贴图)卷展栏中设置参数，如图7-101所示。

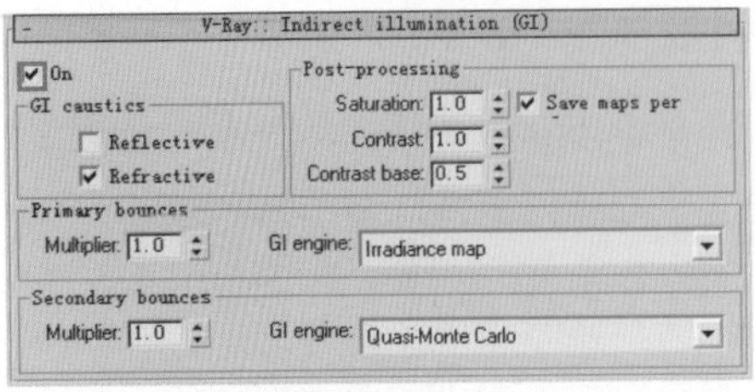

图7-100

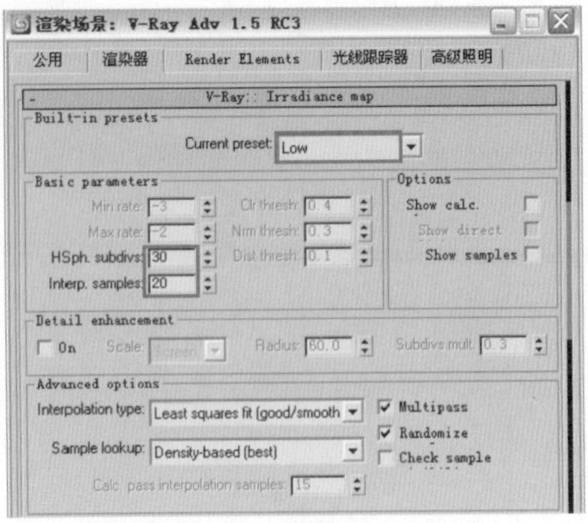

图7-101

⭐ 6 在 **V-Ray:: Environment** (环境)卷展栏中将GI Environment(skylight)override选项组中的On前的复选框勾选,设置其参数,然后将Reflection/refraction environment override选项组中的On前的复选框勾选,单击其后的NONE贴图按钮,在弹出的"材质/贴图浏览器"对话框中选择Bitmap(位图)贴图,如图7-102所示。贴图素材文件为本书所附光盘中提供的"实例\第7章\书桌场景\材质\arch20_reflect_map.jpg"文件。

图7-102

⭐ 7 按M键打开"材质编辑器"对话框,将Reflection/refraction environment override选项组中的贴图按钮拖动到"材质编辑器"中的一个空白材质球上,在弹出的"实例(副本)贴图"对话框中选择"实例"选项进行关联复制,将材质命名为"反射贴图",参数设置如图7-103所示。

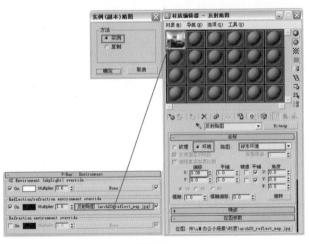

图7-103

⭐ 8 在 **V-Ray:: Color mapping** 卷展栏下进行设置,如图7-104所示。

图7-104

9 按8键进入"环境和效果"对话框，进入"环境"选项卡，单击"背景"选项组中的NONE贴图按钮，在弹出的"材质/贴图浏览器"对话框中选择Bitmap(位图)贴图，并选择本书所附光盘中提供的"实例\第7章\书桌场景\材质\arch20_reflect_map.jpg"文件，然后将该贴图按钮拖动到"材质编辑器"中的一个空白材质球上，以"实例"方式进行关联复制，将材质球命名为"背景"，参数设置如图7-105所示。

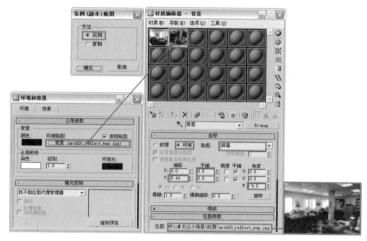

图7-105

10 对相机视图进行渲染，效果如图7-106所示。

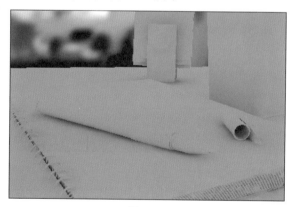

图7-106

7.3.2 灯光布置

1 下面为场景布置灯光。进入创建面板，单击 [图标] 按钮，在下拉列表中选择VRay，在

"对象类型"卷展栏中单击 VRayLight ，在前视图中创建一盏VRayLight，设置其参数，并在视图中调整它的位置，如图7-107所示。

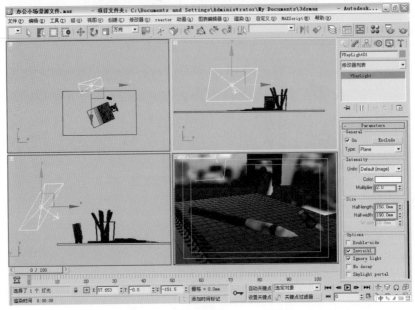

图7-107

2 对相机视图进行渲染，效果如图7-108所示。

图7-108

3 从渲染效果中可以看到场景中物体阴影不太明显，下面继续为场景添加灯光。在灯光下拉列表中选择"标准"，然后单击"泛光灯"按钮，在视图中创建一盏泛光灯，设置其参数，并调整它的位置，如图7-109所示。

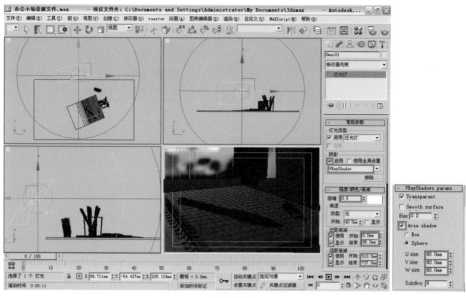

图7-109

4 对相机视图进行渲染，效果如图7-110所示。

图7-110

7.3.3 设置场景材质

1 下面开始制作场景材质，首先制作物体"桌面"材质。按M键打开"材质编辑器"对话框，选择一个空白材质球，单击 **Standard** 按钮，在弹出的"材质/贴图浏览器"对话框中选择 **VRayMtl** 材质，将材质命名为"桌面"，单击Diffuse贴图按钮，在弹出的"材质/贴图浏览器"对话框中选择Bitmap(位图)贴图，参数设置如图7-111所示。贴图文件为本书所附光盘中提供的"实例\第7章\书桌场景\材质\SB157.JPG"文件。

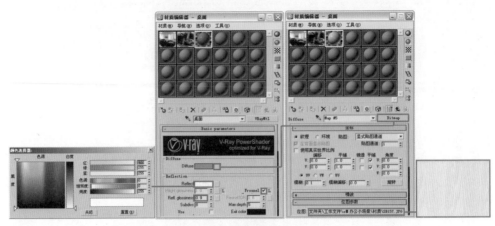

图7-111

2　将材质指定给物体"桌面"，进入  修改命令面板，为物体桌面添加一个 **UVW 贴图** 修改器，参数设置如图7-112所示。

图7-112

3　下面开始制作笔记本的材质，笔记本分为"本子内"、"本子外皮"和"本子连接环"三部分。首先制作"本子内"材质，按M键打开"材质编辑器"对话框，选择一个空白材球，将材质设置为 **VRayMtl** 材质，将材质命名为"本子内"，单击Diffuse贴图按钮，在弹出的"材质/贴图浏览器"对话框中选择Bitmap(位图)贴图，参数设置如图7-113所示。贴图文件为本书所附光盘提供的"实例\第7章\书桌场景\材质\arch20_notes_page_01.jpg"文件。

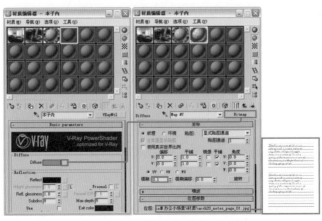

图7-113

4 返回 **VRayMtl** 材质层级，在Maps卷展栏中，单击Opacity后的NONE贴图按钮，在弹出的"材质/贴图浏览器"对话框中选择Bitmap(位图)贴图，参数设置如图7-114所示。贴图文件为本书所附光盘中提供的"实例\第7章\书桌场景\材质\纸槽.jpg"文件。

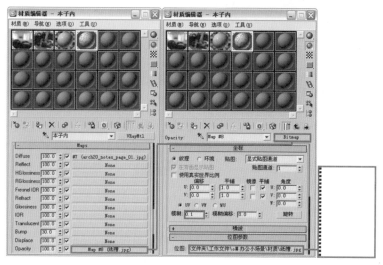

图7-114

> 提示：此处是使用透明贴图为笔记本制作凹槽效果。

5 将材质指定给物体"本子内"，对相机视图进行渲染，效果如图7-115所示。

图7-115

6 下面制作"本子外皮"材质。按M键打开"材质编辑器"对话框，选择一个空白材质球，将材质设置为 **VRayMtl** 材质，将材质命名为"本子外皮"，参数设置如图7-116所示。

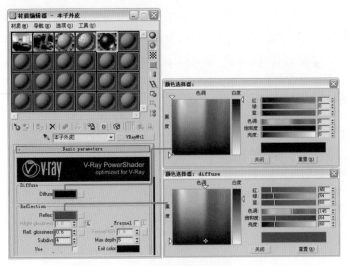

图7-116

★ 7 进入Maps卷展栏，单击Opacity后的NONE贴图按钮，在弹出的"材质/贴图浏览器"对话框中选择Bitmap(位图)贴图，参数设置如图7-117所示。贴图素材文件为本书所附光盘中提供的"实例\第7章\书桌场景\材质\纸槽.jpg"文件。

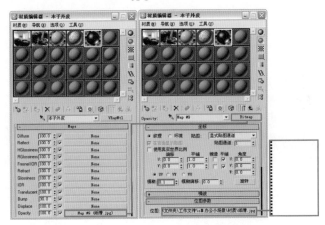

图7-117

★ 8 将材质指定给物体"本子外皮"，对相机视图进行渲染，效果如图7-118所示。

图7-118

9 继续制作"本子连接环"材质。按M键打开"材质编辑器"对话框，选择一个空白材质球，将材质设置为 VRayMtl 材质，将材质命名为"本子金属"，参数设置如图7-119所示。将材质指定给物体"本子连接环"。

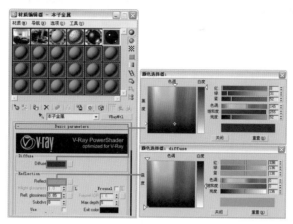

图7-119

10 下面开始制作场景中笔的材质，笔由"笔黑色塑料部分"、"笔尖"、"笔胶垫"、"笔水"、"油"、"笔头金属"、"笔芯"、"透明笔壳"八部分组成。首先制作"笔黑色塑料部分"材质，按M键打开"材质编辑器"对话框，选择一个空白材质球，将材质设置为 VRayMtl 材质，将材质命名为"黑塑料"，参数设置如图7-120所示。

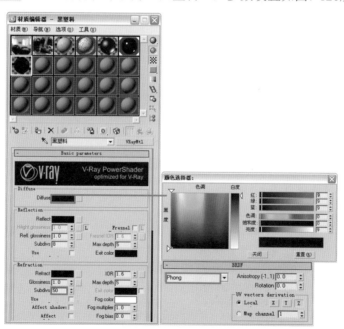

图7-120

11 进入Maps卷展栏，单击Reflect后的NONE贴图按钮，在弹出的"材质/贴图浏览器"对话框中选择Falloff(衰减)贴图，参数设置如图7-121所示。

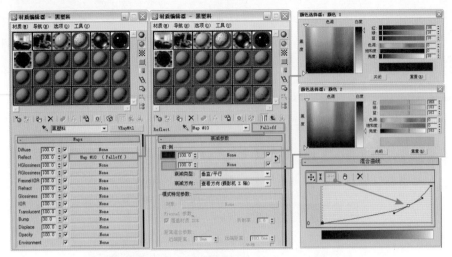

图7-121

★12 将材质指定给物体"笔黑色塑料部分",对相机视图进行渲染,效果如图7-122所示。

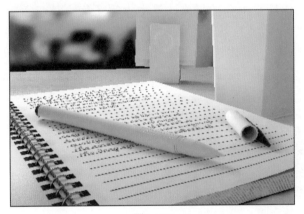

图7-122

★13 接下来制作"笔头金属"部分材质。按M键打开"材质编辑器"对话框,选择一个空白材质球,将材质设置为 ● VRayMtl 材质,将材质命名为"笔头金属",参数设置如图7-123所示。将材质指定给物体"笔头金属"。

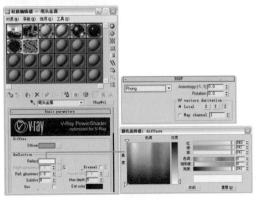

图7-123

14 下面制作"笔尖"材质。按M键打开"材质编辑器"对话框，选择一个空白材质球，将材质设置为 ⬤ **VRayMtl** 材质，将材质命名为"笔尖金属"，参数设置如图7-124所示。将材质指定给物体"笔尖"。

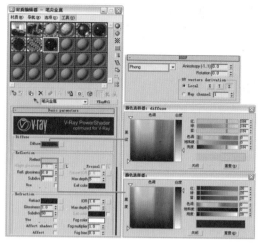

图7-124

15 下面开始制作"笔胶垫"材质。按M键打开"材质编辑器"对话框，选择一个空白材质球，将材质设置为 ⬤ **VRayMtl** 材质，将材质命名为"黑胶皮"，参数设置如图7-125所示。

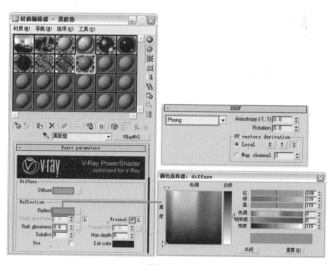

图7-125

16 单击Diffuse贴图按钮，在弹出的"材质/贴图浏览器"对话框中选择Falloff(衰减)贴图，参数设置如图7-126所示。

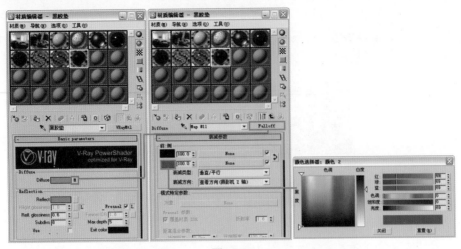

图7-126

★ 17 返回 **VRayMtl** 材质层级，在Maps卷展栏中单击Bump后的NONE贴图按钮，在弹出的"材质/贴图浏览器"对话框中选择"凹痕"贴图，参数设置如图7-127所示。将材质指定给物体"笔胶垫"部分。

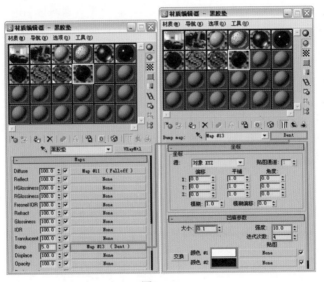

图7-127

★ 18 下面开始制作"笔水"材质。按M键打开"材质编辑器"对话框，选择一个空白材质球，将材质设置为 **VRayMtl** 材质，将材质命名为"笔水"，参数设置如图7-128所示。将材质指定给物体"笔水"。

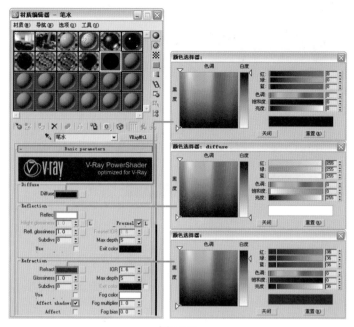

图7-128

19 下面开始制作"油"材质。按M键打开"材质编辑器"对话框,选择一个空白材质球,将材质设置为 **VRayMtl** 材质,将材质命名为"油",参数设置如图7-129所示。将材质指定给物体"油"。

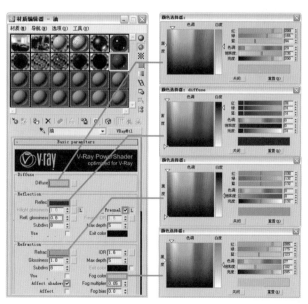

图7-129

20 下面开始制作"笔芯"材质。按M键打开"材质编辑器"对话框,选择一个空白材质球,将材质设置为 **VRayMtl** 材质,将材质命名为"笔芯",参数设置如图7-130所示。

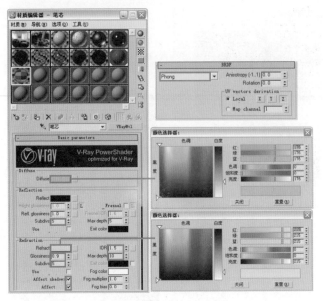

图7-130

⭐ 21　进入Maps卷展栏，单击Reflect后面的NONE贴图按钮，在弹出的"材质/贴图浏览器"对话框中选择Falloff(衰减)贴图，参数设置如图7-131所示。将材质指定给物体"笔芯"。

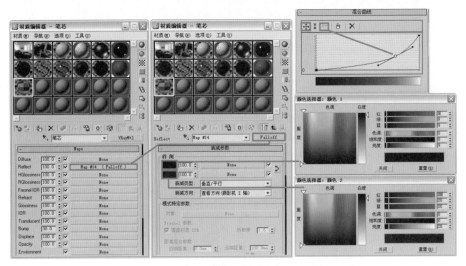

图7-131

⭐ 22　接下来制作"透明笔壳"材质。按M键打开"材质编辑器"对话框，选择一个空白材质球，将材质设置为 ● VRayMtl 材质，将材质命名为"透明塑料"，参数设置如图7-132所示。

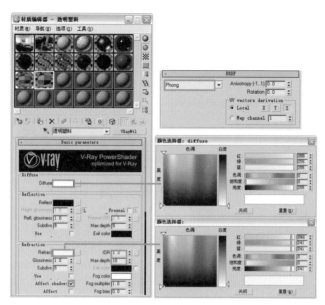

图7-132

23 进入Maps卷展栏，单击Reflect后面的NONE贴图按钮，在弹出的"材质/贴图浏览器"对话框中选择Falloff(衰减)贴图，参数设置如图7-133所示。

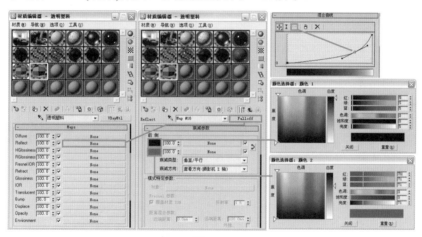

图7-133

24 将材质指定给物体"透明笔壳"，对相机视图进行渲染，效果如图7-134所示。

图7-134

25 下面开始制作"笔筒"材质。首先我们要对物体"笔筒"进行材质ID设置，在场景中选中物体"笔筒"，然后按Alt+Q键进入"孤立模式"，此时可单独对物体"笔筒"进行编辑操作，物体"笔筒"是个可编辑多边形，我们进入它的"多边形"层级，在场景中选中"笔筒"中部的多边形，然后在"多边形属性"卷展栏下设置其ID为1，如图7-135所示。

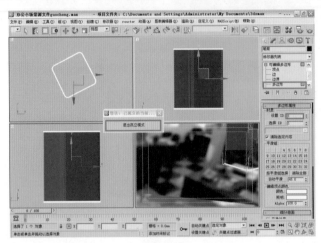

图7-135

26 然后选中"笔筒"剩余部分，设置其ID为2，如图7-136所示。

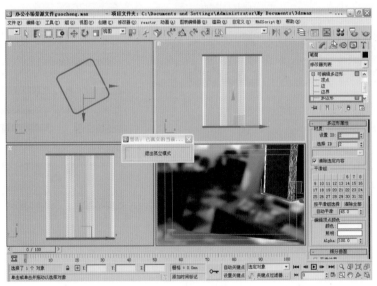

图7-136

27 物体"笔筒"的材质ID已经设置完毕，下面开始制作其材质。按M键打开"材质编辑器"对话框，选择一个空白材质球，单击 Standard 按钮，在弹出的"材质/贴图浏览器"对话框中选择 多维/子对象 材质，在弹出的"替换材质"对话框中选择"将旧材质保存为子材质"选项，将材质命名为"笔筒"，如图7-137所示。

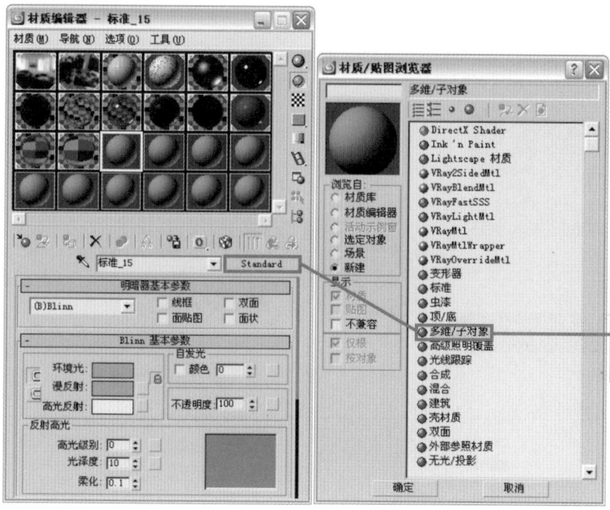

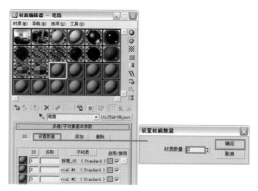

图7-137

★ 28 单击"多维/子对象基本参数"卷展栏下的"设置数量"按钮，将材质数量设置为2，如图7-138所示。

图7-138

★ 29 单击ID1的子材质通道按钮，进入标准材质层级，单击 **Standard** 按钮，在弹出的"材质/贴图浏览器"对话框中选择 ⬤ **VRayMtl** 材质，将材质命名为"网"，如图7-139所示。

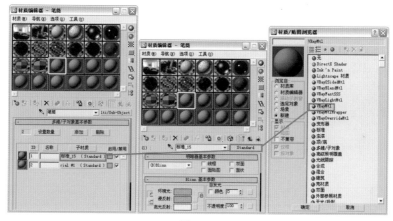

图7-139

★ 30 在 VRayMtl 材质层级设置参数，如图7-140所示。

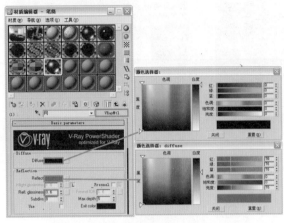

图7-140

★ 31 进入Maps卷展栏，单击Opacity后的NONE贴图按钮，在弹出的"材质/贴图浏览器"对话框中选择"位图"贴图，参数设置如图7-141所示。贴图文件为本书所附光盘中提供的"实例\第7章\书桌场景\材质\网.jpg"文件。

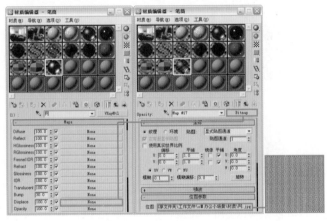

图7-141

★ 32 返回"多维/子对象"材质层级，单击ID2的子材质通道按钮，进入标准材质层级，将材质设置为 ● VRayMtl 材质，将材质命名为"黑色金属"，如图7-142所示。

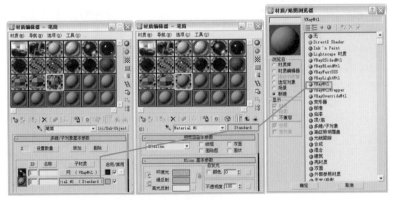

图7-142

33 在 **VRayMtl** 材质层级设置参数，如图7-143所示。

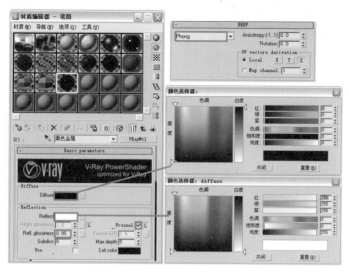

图7-143

34 将材质指定给物体"笔筒"，此时渲染效果如图7-144所示。

图7-144

> 提示：通过透明贴图的使用很轻松的制作出了网状笔筒的效果。

35 下面开始制作桌面上的"支架"材质。按M键打开"材质编辑器"对话框，选择一个空白材质球，将材质设置为 ● **VRayMtl** 材质，将材质命名为"支架塑料"，参数设置如图7-145所示。单击 按钮，将材质指定给物体"支架"。

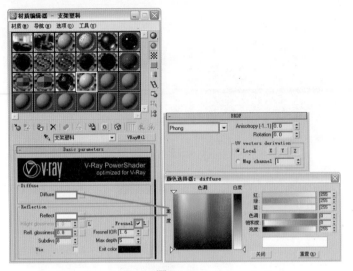

图7-145

★ 36 下面制作支架上的表材质。表在场景中由"表玻璃"、"表金属"、"表盘"、"指针"四部分组成。首先制作"表玻璃"材质，按M键打开"材质编辑器"对话，选择一个空白材质球，将材质设置为 ⚫ VRayMtl 材质，将材质命名为"表玻璃"，参数设置如图7-146所示。将材质指定给物体"表玻璃"。

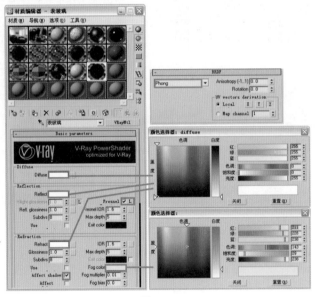

图7-146

★ 37 下面开始制作"表金属"材质。按M键打开"材质编辑器"对话框，选择一个空白材质球，将材质设置为 ⚫ VRayMtl 材质，将材质命名为"表金属"，参数设置如图7-147所示。将材质指定给物体"表金属"。

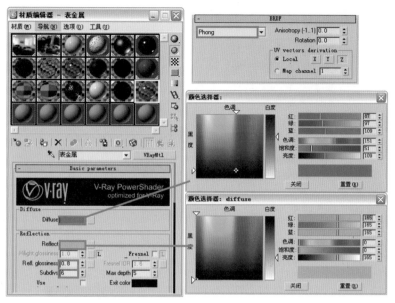

图7-147

⭐ 38 下面制作"表盘"材质。按M键打开"材质编辑器"对话框，选择一个空白材质球，将材质设置为 ⚫VRayMtl 材质，将材质命名为"表盘"，单击Diffuse贴图按钮，在弹出的"材质/贴图浏览器"对话框中选择"位图"贴图，参数设置如图7-148所示。贴图文件为本书所附光盘中提供的"实例\第7章\书桌场景\材质\arch20_032_label.jpg"文件。将材质指定给物体"表盘"。

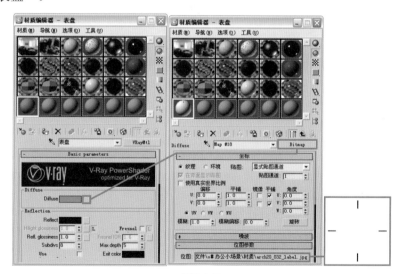

图7-148

⭐ 39 下面制作"指针"材质。按M键打开"材质编辑器"对话框，选择一个空白材质球，将材质设置为 ⚫VRayMtl 材质，将材质命名为"黑色指针"，参数设置如图7-149所示。将材质指定给物体"指针"。

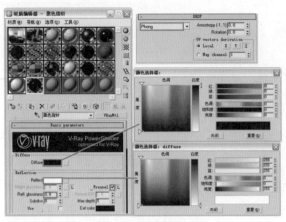

图7-149

40 对相机视图进行渲染，效果如图7-150所示。

图7-150

41 下面制作"纸1"材质。按M键打开"材质编辑器"对话框，选择一个空白材质球，将材质设置为 ● **VRayMtl** 材质，将材质命名为"便签纸1"，参数设置如图7-151所示。将材质指定给物体"纸1"。

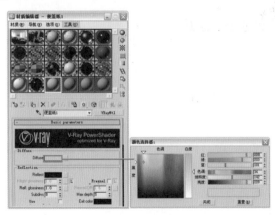

图7-151

42 最后制作"纸2"材质。按M键打开"材质编辑器"对话框，选择一个空白材质球，将材质设置为 VRayMtl 材质，将材质命名为"便签纸2"，单击Diffuse贴图按钮，在弹出的"材质/贴图浏览器"对话框中选择Bitmap(位图)贴图，参数设置如图7-152所示。贴图文件为本书所附光盘中提供的"实例\第7章\书桌场景\材质\arch20_card_yellow_label.jpg"文件。

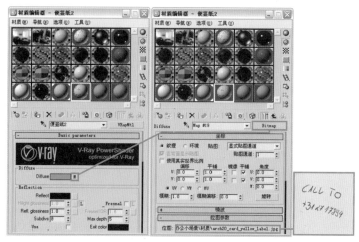

图7-152

43 将材质指定给物体"纸2"，对相机视图进行渲染，效果如图7-153所示。

图7-153

7.3.4　最终渲染设置

1 场景材质已经制作完毕，下面设置高质量的渲染参数来进行最终渲染。首先将场景中的所有灯光的细分值提高，如图7-154所示。

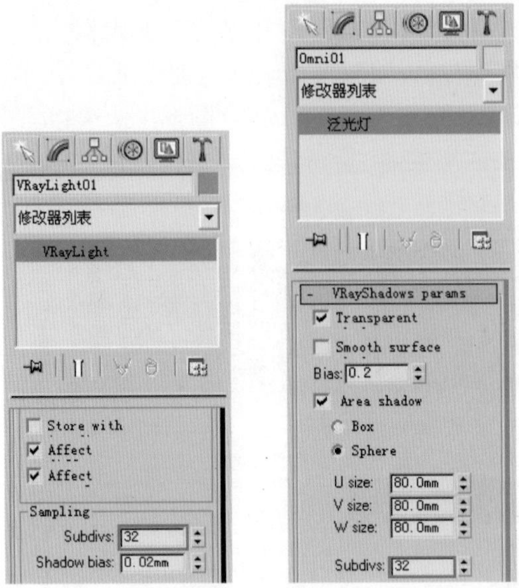

图7-154

2 按F10进入“渲染场景”对话框，在V-Ray:: Irradiance map(发光贴图)展卷栏中设置参数。然后对发光贴图进行保存，以便最终渲染时能够提高渲染速度，在On render end选项组中，勾选Don’t delete、Auto save和Switch to saved map复选框，单击Auto save后面的Browse按钮，在弹出的Auto save irradiance map(自动保存发光贴图)对话框中输入要保存的.vrmap文件的名称及路径。具体设置如图7-155所示。

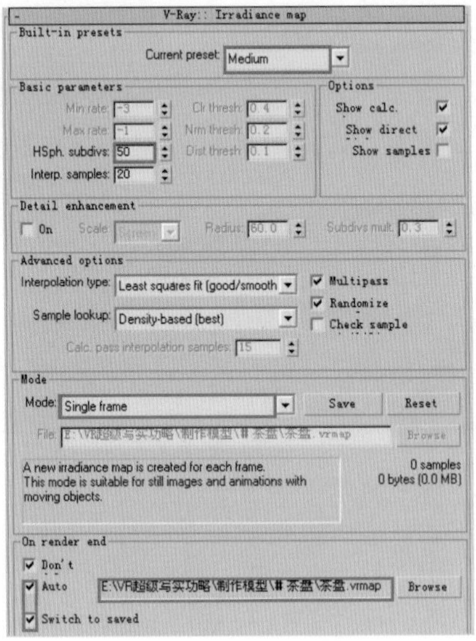

图7-155

3 在保存发光贴图进行的渲染设置中可以不调节抗锯齿参数，进入“渲染场景”对话框的“公用”选项卡，在“输出大小”选项组中设置图像尺寸，如图7-156所示。

4 对相机视图进行渲染，渲染结束后，保存的发光贴图将自动转换到From file选项中，此时已经拥有了一个*.vrmap后缀的发光贴图文件。

图7-156

5 进入"渲染场景"对话框的"公用"面板，设置较大的渲染图像尺寸，如图7-157所示。这样比直接渲染大尺寸图像节省了很多时间。

图7-157

6 在 `V-Ray:: rQMC Sampler` 卷展栏中设置参数，如图7-158所示。

7 最后进行抗锯齿设置。按F10键打开"渲染场景"对话框，进入"渲染器"选项卡，在 `V-Ray:: Image sampler (Antialiasing)` 卷展栏中设置参数，如图7-159所示。

图7-158   图7-159

8 最后对相机视图进行渲染，最终效果如图7-160所示。

图7-160

读书笔记

第 8 章 写实室内场景表现

8.1 欧式客厅场景表现

本节中我们将详细讲解一个欧式客厅的日景效果的完整表现过程，如图8-1所示为该场景的模型边线效果，如图8-2所示为进行后期处理后的最终效果。

图8-1

图8-2

主要灯光类型：目标平行光、VRayLight

主要材质类型：仿古砖、大理石、黄金、布艺、玻璃、铁

技术要点：主要掌握室内日景的布光方法、渲染参数调节以及各种常用材质的制作方法

如图8-3所示为欧式客厅场景的简要制作流程。

环境光照明效果　　　　　　布光后效果　　　　　　最终效果

图8-3

8.1.1 架设相机并设置测试渲染参数

1.架设相机

★ **1** 打开本书所附光盘提供的"实例\第8章\客厅场景\欧式客厅源文件.max"场景文件，这是一个室内的客厅场景，场景中的物体材质相同的部分已经塌陷或成组，如图8-4所示。

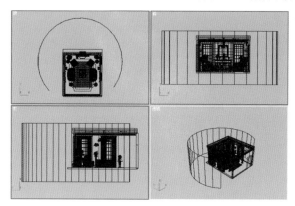

图8-4

★ **2** 首先为场景创建相机。在"创建"命令面板中单击 📷 (相机)按钮，然后在"对象类型"卷展栏中单击"目标"按钮，在顶视图中创建目标相机，如图8-5所示。

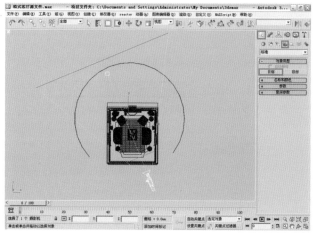

图8-5

3 下面对相机进行角度和参数调整，相机高度以人的视线作为标准，然后在透视图中按C键切换到相机视图，如图8-6所示。

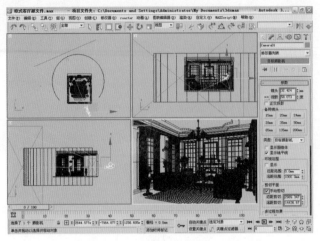

图8-6

2. 设置测试渲染参数

1 在前期测试渲染阶段为了减少渲染时间，可以设置低质量的渲染参数进行测试渲染。按F10键打开"渲染场景"对话框，我们已经事先选择了VRay渲染器。进入"公用"选项卡，在"公用参数"卷展栏中设置图像尺寸，并锁定图像比例，如图8-7所示。

图8-7

2 进入"渲染器"选项卡，在其 V-Ray:: Global switches (全局参数)卷展栏中设置参数，取消MAX默认灯光对场景的影响，如图8-8所示。

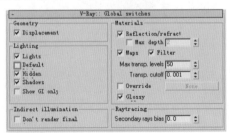

图8-8

3 在 `V-Ray:: Image sampler (Antialiasing)` (抗锯齿采样)卷展栏中设置参数，前期的测试渲染可以不对图像进行抗锯齿处理，这样可以节省很多时间，如图8-9所示。

图8-9

4 在 `V-Ray:: Indirect illumination (GI)` (间接照明)卷展栏中设置参数，如图8-10所示。

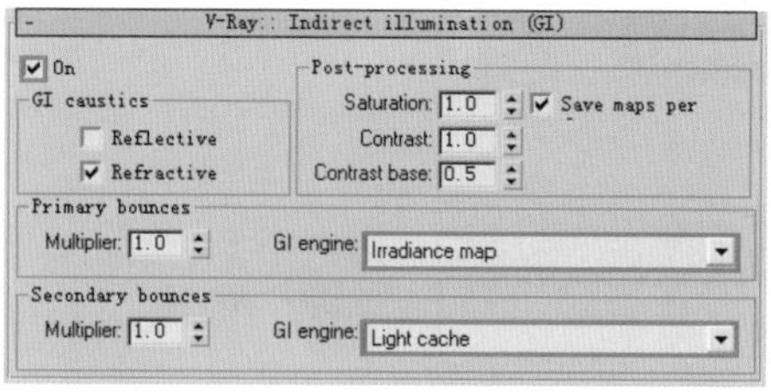

图8-10

5 在 `V-Ray:: Irradiance map` (发光贴图)卷展栏中设置参数，如图8-11所示。

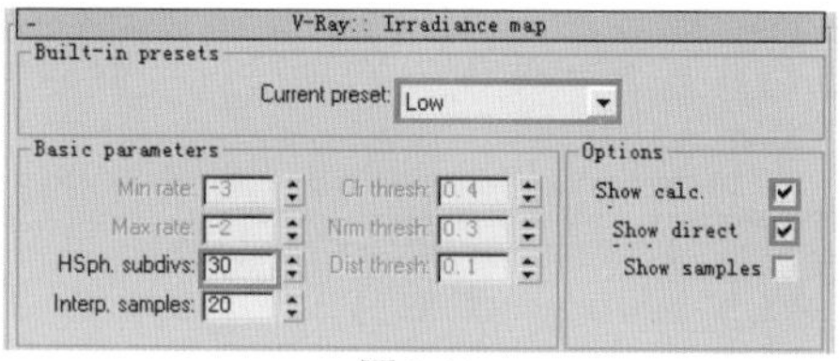

图8-11

6 在 `V-Ray:: Light cache` (灯光缓存)卷展栏中设置参数，如图8-12所示。

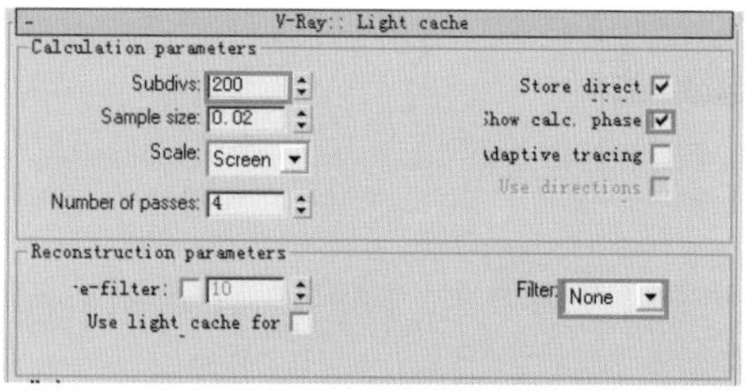

图8-12

7 在 `V-Ray:: Environment` (环境)卷展栏中设置参数，开启环境光，如图8-13所示。

图8-13

8.1.2　场景灯光布置

⭐ **1**　为了便于观察灯光的测试效果，我们用一种白色材质来替换场景内所有物体的材质。按M键打开"材质编辑器"对话框，选择一个空白材质球，单击 `Standard` 按钮，在弹出的"材质/贴图浏览器"对话框中选择VrayMtl材质，将材质命名为"替换材质"，参数设置如图8-14所示。

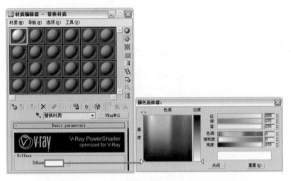

图8-14

⭐ **2**　然后按F10键打开"渲染场景"对话框，进入 `V-Ray:: Global switches` (全局参数)卷展栏，勾选Override选项，然后将刚制作好的材质球拖到它右侧的 `None` 贴图按钮上，在弹出的"实例(副本)材质"对话框中选择"实例"选项进行关联复制，如图8-15所示。

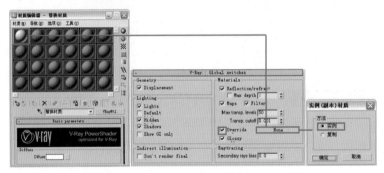

图8-15

⭐ **3**　隐藏场景中的物体"清玻部件"和"窗帘"，对相机视图进行渲染，此时效果如图8-16所示。

图8-16

提示：隐藏以上物体是为了正常地观察环境光对场景的影响，这些物体都是可以折射光线的透明物体，所以在没指定材质前暂时将它们隐藏。

★ 4 从上图可以看到，场景已经有了环境光的照明，下面为场景创建主光源。单击"创建"命令面板中的 🗙 (灯光)按钮，然后选择"目标平行光"，在视图中创建一盏目标平行光作为主光源来模拟太阳光，颜色偏暖，参数设置如图8-17所示。

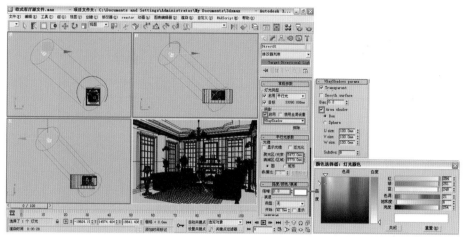

图8-17

★ 5 对相机视图进行渲染，此时效果如图8-18所示。

图8-18

★ 6 察看渲染结果，发现场景曝光了，下面通过降低二次反弹的倍增值来改善曝光状况。按F10键打开"渲染场景"对话框，进入"渲染器"选项卡，在 `V-Ray:: Indirect illumination (GI)` (间接照明)卷展栏中设置参数，如图8-19所示。

图8-19

7 下面对相机视图进行渲染，此时效果如图8-20所示。

图8-20

8 观察上图，整体有些暗了，下面继续为场景布置灯光。单击 按钮，在灯光类型中选择"VRay"，然后选择VRayLight，在场景的窗外创建一盏VRayLight，用它来模拟天光照明，如图8-21所示。

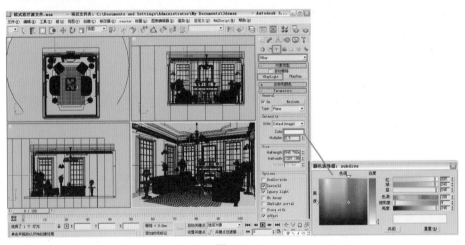

图8-21

9 将刚刚创建的VRayLight01关联复制出5盏，分别放到其他窗户的位置，如图8-22所示。

图8-22

★ 10　对相机视图进行渲染，此时效果如图8-23所示。

图8-23

★ 11　此时场景整体被提亮了，但感觉靠近相机的位置比较暗，所以我们在客厅门口的位置再创建一盏VRayLight，参数及位置如图8-24所示。

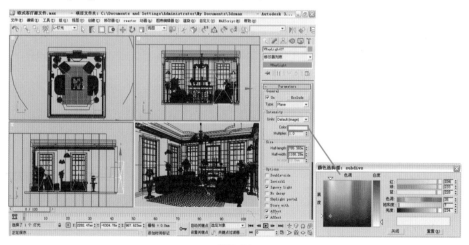

图8-24

★ 12　对相机视图进行渲染，此时效果如图8-25所示。

图8-25

★ 13 此时场景仍然比较暗，下面通过修改曝光参数来改善这种情况。按F10键打开"渲染场景"对话框，进入"渲染器"选项卡，打开 `V-Ray:: Color mapping` 卷展栏，参数设置如图8-26所示。

★ 14 对相机视图进行渲染，此时效果如图8-27所示。

图8-26   图8-27

8.1.3 材质制作

1. 保存发光贴图和灯光贴图

经过上面的步骤，场景灯光已经布置完毕，接下来将为场景中的物体制作材质。在制作材质前，还要保存场景的发光贴图和灯光贴图，这样做的目的是为了减少材质制作时测试渲染的时间。

★ 1 按F10键打开"渲染场景"对话框，在"渲染器"选项卡的 `V-Ray:: Irradiance map` (发光贴图)卷展栏下的On render end选项组中，勾选Don't delete和Auto save复选框，单击Auto save右侧的 `Browse` 按钮，在弹出的Auto save irradiance map(自动保存发光贴图)对话框中输入要保存的.vrmap文件的名称及路径，然后勾选Switch to saved map复选框，渲染结束后，保存的发光贴图将自动转换到From file选项中，再次渲染时就不用再计算发光贴图了，渲染器会直接调用已经保存好的发光贴图文件，如图8-28所示。

图8-28

提示：此时不要渲染，设置好下面的灯光贴图后再渲染，这样就可以一次将两个贴图同时保存。

⭐ 2 保存灯光贴图需要进入 **V-Ray:: Light cache** 卷展栏中，保存方法与保存发光贴图相同,如图8-29所示。然后对相机视图进行渲染，渲染完成后，发光贴图和灯光贴图将自动保存在指定路径中并会在下次渲染时自动调用。

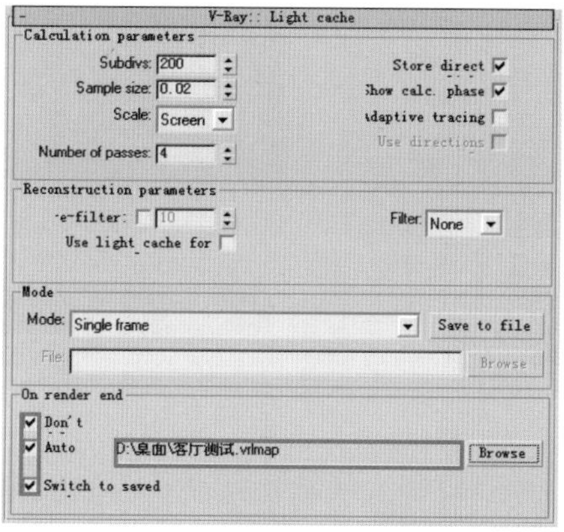

图8-29

2. 主体结构材质制作

⭐ 1 在制作材质前要先取消场景的材质替代状态。进入"渲染器"选项卡中的 **V-Ray:: Global switches** (全局参数)卷展栏，取消对Override选项的勾选，如图8-30所示。

⭐ 2 下面开始制作场景中的材质。首先将先前隐藏的物体恢复显示，然后制作窗玻璃材质。按M键打开"材质编辑器"对话框，选择一个空白材质球，单击 **Standard** 按钮，在弹出的"材质/贴图浏览器"对话框中选择 ◎VRayMtl 材质，将材质命名为"窗玻璃"，如图8-31所示。

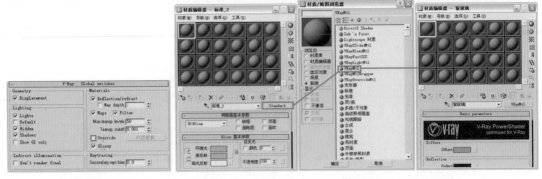

图8-30　　　　　　　　　　　　　　　　　　图8-31

⭐ 3 在 VRayMtl 材质层级进行参数设置，如图8-32所示。将材质指定给物体"窗玻璃"。

⭐ 4 下面制作吊顶的材质。按M键打开"材质编辑器"对话框，选择一个空白材质球，将材质设置为 VRayMtl 材质，将材质命名为"白"，参数设置如图8-33所示。将材质指定给物体"顶及石膏线"和"屏风白色花纹"。

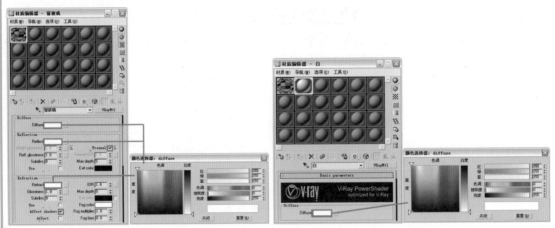

图8-32　　　　　　　　　　　　　　　　　　图8-33

⭐ 5 下面制作墙面材质。按M键打开"材质编辑器"对话框，选择一个空白材质球，将材质名设置为 VRayMtl 材质，将材质命名为"墙面壁纸"，单击Diffuse右侧的贴图按钮，在弹出的"材质/贴图浏览器"对话框中选择"位图"贴图，参数设置如图8-34所示。贴图文件为本书所附光盘中提供的"实例\第8章\客厅场景\材质\cloth_27.jpg"文件。

⭐ 6 返回 VRayMtl 材质层级，进入Maps卷展栏，将Diffuse右侧的贴图按钮拖动到Bump的按钮上，选择"实例"方式进行关联复制，参数设置如图8-35所示。

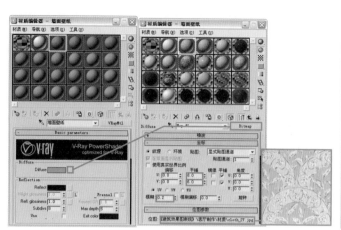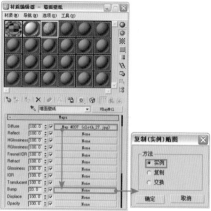

图8-34   图8-35

⭐ 7 由于"墙面壁纸"材质颜色较深，所以将其设置成**VRayMtlWrapper** (VRay材质包裹)材质来控制它的色溢，如图8-36所示。

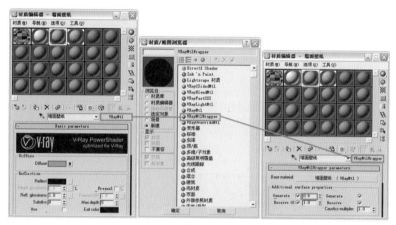

图8-36

⭐ 8 将材质指定给物体"墙"，对相机视图进行渲染，此时效果如图8-37所示。

图8-37

9 下面制作壁炉材质。按M键打开"材质编辑器"对话框，选择一个空白材质球，将材质设置为**VRayMtl**材质，将材质命名为"壁炉"，单击Diffuse右侧的贴图按钮，在弹出的"材质/贴图浏览器"对话框中选择"位图"贴图，参数设置如图8-38所示。贴图文件为本书所附光盘中提供的"实例\第8章\客厅场景\材质\Arch34_021_diffuse00.jpg"文件。

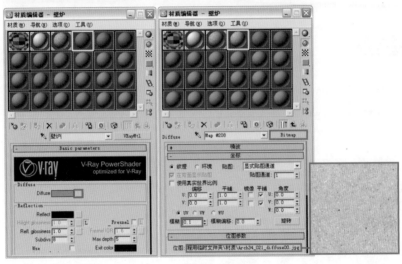

图8-38

10 返回**VRayMtl**材质层级，进入Maps卷展栏，将Diffuse右侧的贴图按钮拖动到Bump的贴图按钮上，以"实例"方式进行关联复制，参数设置如图8-39所示。

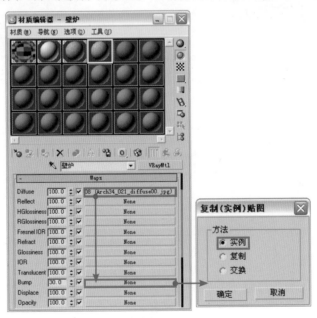

图8-39

11 将材质指定给物体"壁炉部分"，对相机视图进行渲染，效果如图8-40所示。

图8-40

12 下面制作地面材质。按M键打开"材质编辑器"对话框，选择一个空白材质球，将材质设置为 **VRayMtl** 材质，将材质命名为"地面"，单击Diffuse右侧的贴图按钮，在弹出的"材质/贴图浏览器"对话框中选择"位图"贴图，参数设置如图8-41所示。贴图文件为本书所附光盘中提供的"实例\第8章\客厅场景\材质\1115910854.jpg"文件。

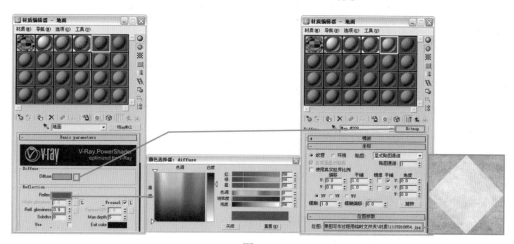

图8-41

13 由于"地面"材质颜色较深，为避免出现色溢，将其设置为 **VRayMtlWrapper** 材质，参数设置如图8-42所示。

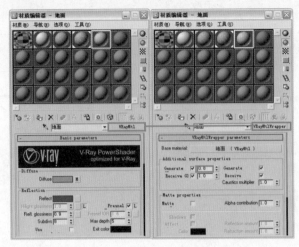

图8-42

14 将材质指定给物体"地面"，对相机视图进行渲染，此时效果如图8-43所示。

图8-43

15 下面制作窗框材质。按M键打开"材质编辑器"对话框，选择一个空白材质球，将材质设置为 VRayMtl 材质，将材质命名为"塑钢"，参数设置如图8-44所示。

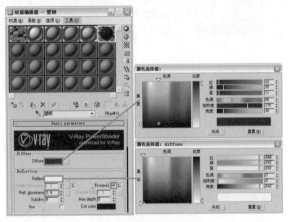

图8-44

16 材质"塑钢"的颜色较深，为其设置**VRayMtlWrapper**材质，参数设置如图8-45所示。

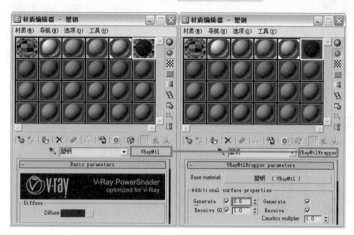

图8-45

17 将材质指定给物体"窗框"及"屏风框"，对相机视图进行渲染，此时效果如图8-46所示。

图8-46

3. 石材材质制作

1 下面制作场景中的石材材质，首先从台灯台的材质开始制作。按M键打开"材质编辑器"对话框，选择一个空白材质球，将材质设置为**VRayMtl**材质，将材质命名为"白色大理石"，单击Diffuse右侧的贴图按钮，在弹出的"材质/贴图浏览器"对话框中选择"位图"贴图，参数设置如图8-47所示。贴图文件为本书所附光盘中提供的"实例\第8章\客厅场景\材质\白色大理石.jpg"文件。

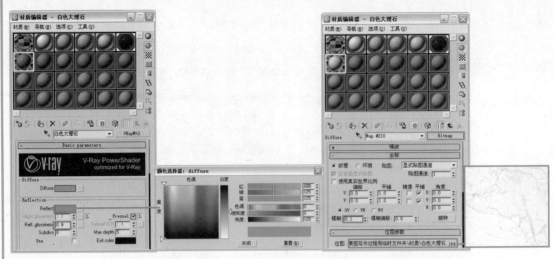

图8-47

2 返回 **VRayMtl** 材质层级，进入Maps卷展栏，将Diffuse右侧的贴图按钮拖动到Bump贴图按钮上，以"实例"方式进行关联复制，参数设置如图8-48所示。

 3 将材质指定给物体"台灯台"，对相机视图进行渲染，局部渲染效果如图8-49所示。

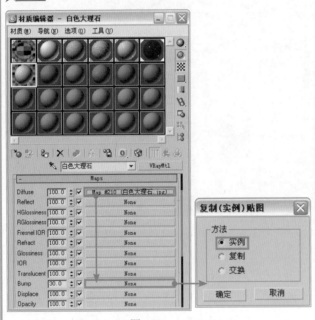

图8-48

图8-49

 4 下面制作装饰柱材质。按M键打开"材质编辑器"对话框，选择一个空白材质球，将材质设置为 **VRayMtl** 材质，将材质命名为"装饰柱石材"，参数设置如图8-50所示。

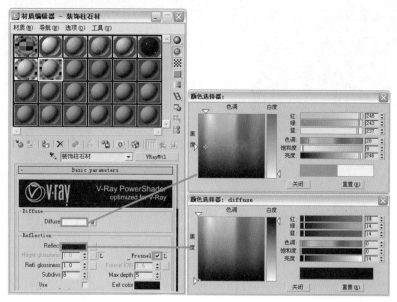

图8-50

5 然后单击Diffuse右侧的贴图按钮，在弹出的"材质/贴图浏览器"对话框中选择"位图"贴图，参数设置如图8-51所示。贴图文件为本书所附光盘中提供的"实例\第8章\客厅场景\材质\Arch34_021_diffuse00.jpg"文件。

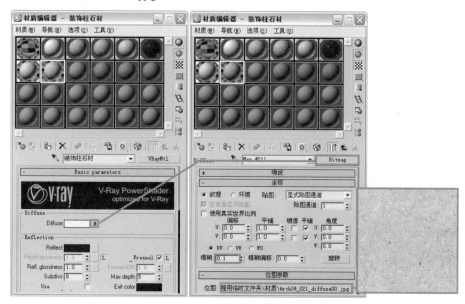

图8-51

6 返回VRayMtl 材质层级，进入Maps卷展栏，将Diffuse右侧的贴图按钮拖动到Bump贴图按钮上，以"实例"方式进行关联复制，参数设置如图8-52所示。

7 将材质指定给物体"装饰柱"及"碟子"，对相机视图进行渲染，此时效果如图8-53所示。

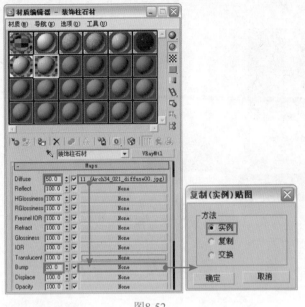

图8-52   图8-53

8 下面制作陶罐材质。按M键打开"材质编辑器"对话框，选择一个空白材质球，将材质设置为**VRayMtl**材质，将材质命名为"陶罐石材"，单击Diffuse右侧的贴图按钮，在弹出的"材质/贴图浏览器"对话框中选择"位图"贴图，参数设置如图8-54所示。贴图文件为本书所附光盘中提供的"实例\第8章\客厅场景\材质\仿古石.jpg"文件。

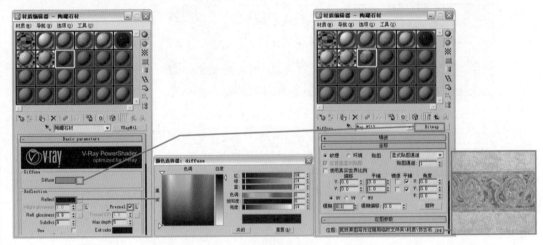

图8-54

9 返回**VRayMtl**材质层级，进入Maps卷展栏，将Diffuse右侧的贴图按钮拖动到Bump贴图按钮上，以"实例"方式进行关联复制，参数设置如图8-55所示。

10 将材质指定给物体"陶罐"，对相机视图进行渲染，局部渲染效果如图8-56所示。

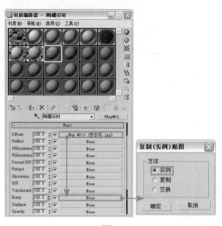
图8-55

图8-56

★ 11 下面制作茶几材质。按M键打开"材质编辑器"对话框，选择一个空白材质球，将材质设置为 VRayMtl 材质，将材质命名为"茶几石材"，单击Diffuse右侧的贴图按钮，在弹出的"材质/贴图浏览器"对话框中选择"位图"贴图，参数设置如图8-57所示。贴图文件为本书所附光盘中提供的"实例\第8章\客厅场景\材质\merble_011.jpg"文件。

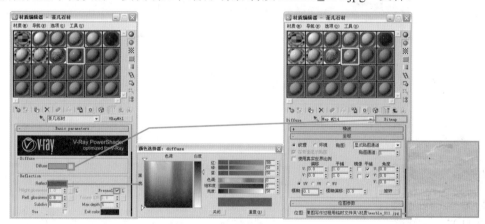
图8-57

★ 12 将材质指定给物体"茶几大理石"，对相机视图进行渲染，此时效果如图8-58所示。

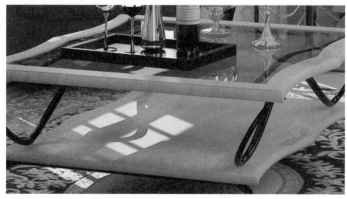
图8-58

4. 布材质制作

![1] 下面制作场景中的布制材质，首先制作沙发布材质。按M键打开"材质编辑器"对话框，选择一个空白材质球，将材质设置为**VRayMtl**材质，将材质命名为"沙发布1"，单击Diffuse右侧的贴图按钮，在弹出的"材质/贴图浏览器"对话框中选择"位图"贴图，参数设置如图8-59所示。贴图文件为本书所附光盘中提供的"实例\第8章\客厅场景\材质\wp_damask_002.jpg"文件。

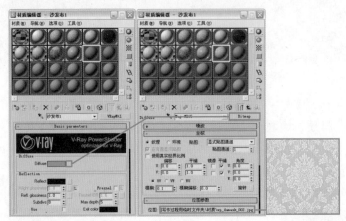

图8-59

![2] 返回**VRayMtl**材质层级，进入Maps卷展栏，将Diffuse右侧的贴图按钮拖动到Bump贴图按钮上，以"实例"方式进行关联复制，参数设置如图8-60所示。

![3] 将材质指定给物体"大沙发"，对相机视图进行渲染，局部渲染效果如图8-61所示。

图8-60

图8-61

![4] 下面制作靠垫材质。按M键打开"材质编辑器"对话框，选择一个空白材质球，将材质设置为**VRayMtl**材质，将材质命名为"靠垫布"，单击Diffuse右侧的贴图按钮，在弹出的"材质/贴图浏览器"对话框中选择"位图"贴图，参数设置如图8-62所示。贴图文件为本书所附光盘中提供的"实例\第8章\客厅场景\材质\wp_damask_018.jpg"文件。

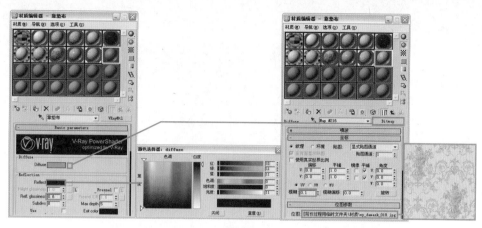

图8-62

⭐ 5　返回VRayMtl材质层级，进入Maps卷展栏，将Diffuse右侧的贴图按钮拖动到Bump贴图按钮上，以"实例"方式进行关联复制，参数设置如图8-63所示。

⭐ 6　将材质指定给物体"靠垫"，对相机视图进行渲染，局部渲染效果如图8-64所示。

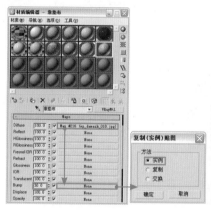

图8-63

图8-64

⭐ 7　下面制作小沙发的布材质。按M键打开"材质编辑器"对话框，选择一个空白材质球，将材质设置为VRayMtl材质，将材质命名为"沙发布2"，单击Diffuse右侧的贴图按钮，在弹出的"材质/贴图浏览器"对话框中选择Falloff(衰减)贴图，参数设置如图8-65所示。

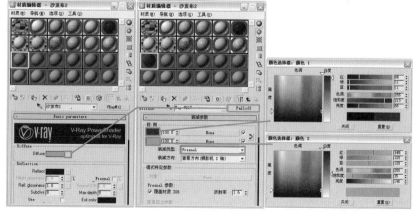

图8-65

8 将材质指定给物体"小沙发",对相机视图进行渲染,局部渲染效果如图8-66所示。

图8-66

9 下面制作地毯的材质。按M键打开"材质编辑器"对话框,选择一个空白材质球,将材质设置为**VRayMtl** 材质,将材质命名为"地毯",单击Diffuse右侧的贴图按钮,在弹出的"材质/贴图浏览器"对话框中选择Bitmap(位图)贴图,参数设置如图8-67所示。贴图文件为本书所附光盘中提供的"实例\第8章\客厅场景\材质\方毯085.jpg"文件。

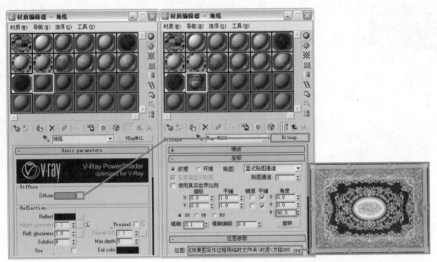

图8-67

10 返回**VRayMtl** 材质层级,进入Maps卷展栏,将Diffuse右侧的贴图按钮拖动到Bump贴图按钮上,以"实例"方式进行关联复制,参数设置如图8-68所示。

11 由于"地毯"材质颜色较深且面积比较大,为了避免出现色溢现象,下面将材质设置为**VRayMtlWrapper** 材质,参数设置如图8-69所示。

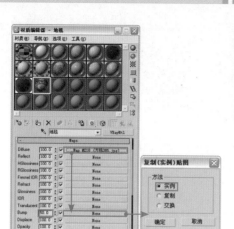
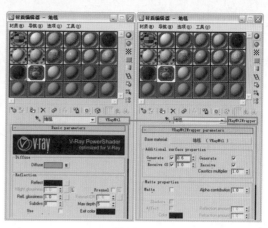

图8-68　　　　　　　　　　　　　　　图8-69

⭐ 12　将材质指定给物体"地毯"，对相机视图进行渲染，局部渲染效果如图8-70所示。

图8-70

⭐ 13　下面制作窗帘部分的材质。按M键打开"材质编辑器"对话框，选择一个空白材质球，将材质设置为 **VRayMtl** 材质，将材质命名为"窗帘"，参数设置如图8-71所示。

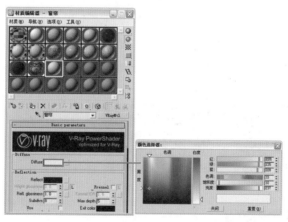

图8-71

⭐ 14　进入其Maps卷展栏，单击Opacity右侧的None贴图按钮，在弹出的"材质/贴图浏览器"对话框中选择"凹痕"贴图，参数设置如图8-72所示。

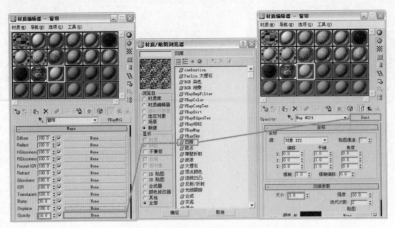

图8-72

⭐ 15 将材质指定给物体"窗帘",对相机视图进行渲染,局部渲染效果如图8-73所示。

图8-73

⭐ 16 下面制作台灯的灯罩材质。按M键打开"材质编辑器"对话框,选择一个空白材质球,将材质设置为VRayMtl材质,将材质命名为"台灯罩",单击Diffuse右侧的贴图按钮,在弹出的"材质/贴图浏览器"对话框中选择Falloff(衰减)贴图,参数设置如图8-74所示。

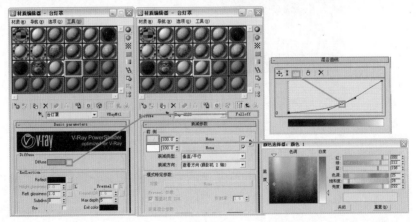

图8-74

17 返回 VRayMtl 材质层级，单击Refract右侧的贴图按钮，在弹出的"材质/贴图浏览器"对话框中选择"衰减"贴图，参数设置如图8-75所示。

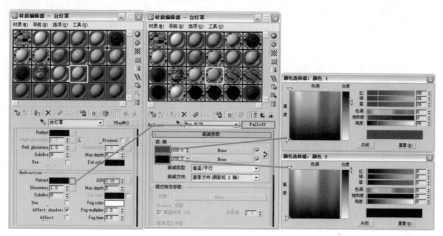

图8-75

18 将材质指定给物体"台灯灯罩"，对相机视图进行渲染，局部渲染效果如图8-76所示。

图8-76

5. 金属材质制作

1 下面制作场景中的金属材质，首先从金属装饰品的材质开始制作。按M键打开"材质编辑器"对话框，选择一个空白材质球，将材质设置为 VRayMtl 材质，将材质命名为"黄色金属"，参数设置如图8-77所示。

2 将材质指定给物体"黄色金属制品"，局部渲染效果如图8-78所示。

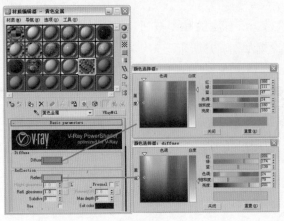

图8-77　　　　　　　　　　　　　　图8-78

⭐ **3** 下面制作灯具上的金属材质部分。按M键打开"材质编辑器"对话框，选择一个空白材质球，将材质设置为**VRayMtl**，将材质命名为"吊灯金属"，参数设置如图8-79所示。

⭐ **4** 将材质指定给物体"吊灯金属"，局部渲染效果如图8-80所示。

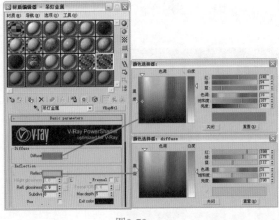

图8-79　　　　　　　　　　　　　　图8-80

⭐ **5** 下面制作茶几的金属材质部分。按M键打开"材质编辑器"对话框，选择一个空白材质球，将材质设置为**VRayMtl**材质，将材质命名为"黑色金属"，参数设置如图8-81所示。

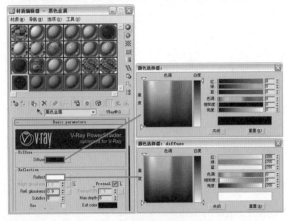

图8-81

6 将材质指定给物体"黑色金属部件",局部渲染效果如图8-82所示。

图8-82

6. 玻璃材质制作

1 下面制作场景中的玻璃材质,首先制作吊灯灯罩材质。按M键打开"材质编辑器"对话框,选择一个空白材质球,将材质设置为 VRayMtl 材质,将材质命名为"灯罩",参数设置如图8-83所示。

2 单击Diffuse右侧的贴图按钮,在弹出的"材质/贴图浏览器"对话框中选择output(输出)贴图,参数设置如图8-84所示。

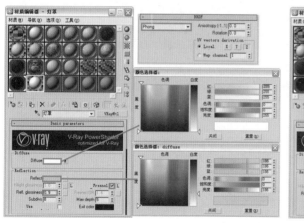

图8-83   图8-84

3 返回 VRayMtl 材质层级,单击Refract右侧的贴图按钮,在弹出的"材质/贴图浏览器"对话框中选择Falloff(衰减)贴图,参数设置如图8-85所示。

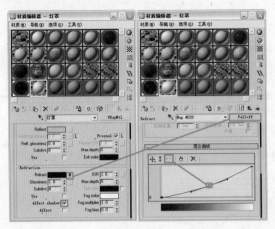

图8-85

4 将材质指定给物体"玻璃灯罩"，局部渲染效果如图8-86所示。

图8-86

5 下面制作酒杯的玻璃材质。按M键打开"材质编辑器"对话框，选择一个空白材质球，将材质设置为**VRayMtl**材质，将材质命名为"瓶及玻璃杯"，参数设置如图8-87所示。

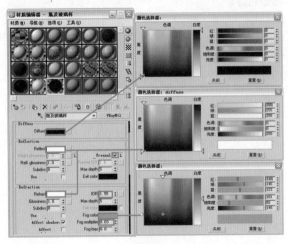

图8-87

6 将材质指定给物体"酒杯"及"瓶身",局部渲染效果如图8-88所示。

7 下面制作茶几上的玻璃材质。按M键打开"材质编辑器"对话框,选择一个空白材质球,将材质设置为VRayMtl材质,将材质命名为"茶几玻璃",参数设置如图8-89所示。

图8-88

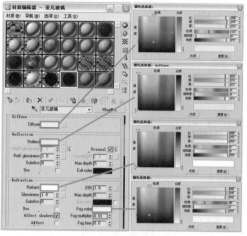

图8-89

8 将材质指定给物体"茶几玻璃",局部渲染效果如图8-90所示。

图8-90

9 下面制作红酒的材质。按M键打开"材质编辑器"对话框,选择一个空白材质球,将材质设置为VRayMtl,将材质命名为"红酒",参数设置如图8-91所示。

10 将材质指定给物体"红酒",局部渲染效果如图8-92所示。

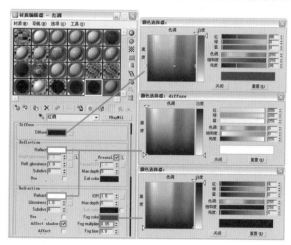

图8-91

图8-92

7. 其他材质制作

1 下面制作蜡烛材质。按M键打开"材质编辑器"对话框，选择一个空白材质球，将材质设置为**VRayMtl**材质，将材质命名为"蜡烛"，参数设置如图8-93所示。

2 单击Diffuse右侧的贴图按钮，在弹出的"材质/贴图浏览器"对话框中选择output(输出)贴图，参数设置如图8-94所示。

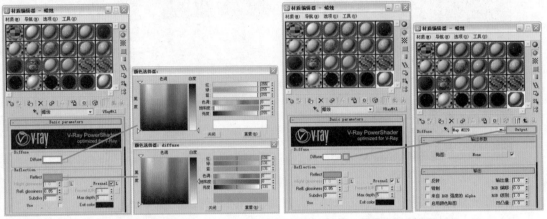

图8-93　　　　　　　　　　　　　　　　　　图8-94

3 将材质指定给物体"蜡烛"，局部渲染效果如图8-95所示。

4 因为场景需要制作的材质太多，超过了MAX的材质编辑器所能显示的材质数，所以我们需要将现有的材质删除，删除时选择"仅影响编辑器示例窗中的材质/贴图"选项，这样就不会影响场景中物体的材质状态，例如删除"蜡烛"材质，如图8-96所示。

图8-95

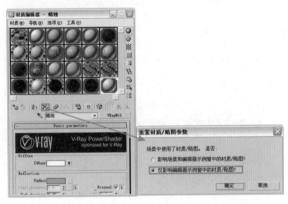

图8-96

5 下面利用删除"蜡烛"材质后空出来的材质球制作装饰画材质。单击**VRayMtl**按钮，在弹出的"材质/贴图浏览器"对话框中选择"多维/子对象"材质，将其命名为"画"，而物体"画"已经事先分配好材质ID，被分成两部分，分别是ID1"画框"和ID2"装饰画"，所以我们要在"多维/子对象"材质层级中设置子材质的数量为2，如图8-97所示。

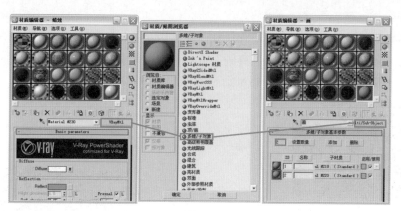

图8-97

★ 6 单击ID1的材质通道按钮，然后会进入其"标准"材质层级，设置材质为 VRayMtl 材质，将材质命名为"画框"，参数设置如图8-98所示。

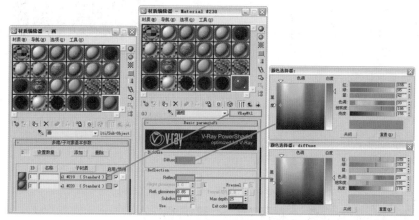

图8-98

★ 7 返回"多维/子材质"层级，单击ID2的材质通道按钮，将材质设置为 VRayMtl 材质，将材质命名为"装饰画"，单击Diffuse右侧的贴图按钮，在弹出的"材质/贴图浏览器"对话框中选择Bitmap(位图)贴图，参数设置如图8-99所示。贴图文件为本书所附光盘中提供的"实例\第8章\客厅场景\材质\油画.jpg"文件。

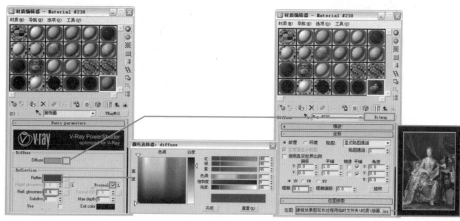

图8-99

8 返回材质"装饰画"的 **VRayMtl** 材质层级，进入其Maps卷展栏，将Diffuse右侧的贴图按钮拖动到Bump贴图按钮上，并以"实例"方式进行关联复制，参数设置如图8-100所示。

9 将材质指定给物体"画"，局部渲染效果如图8-101所示。

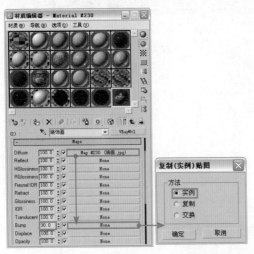

图8-100   图8-101

10 最后制作室外的背景材质。按M键打开"材质编辑器"对话框，将一个现有的材质删除，将材质命名为"外景"，单击Diffuse右侧的贴图按钮，在弹出的"材质/贴图浏览器"对话框中选择Bitmap(位图)贴图，参数设置如图8-102所示。贴图文件为本书所附光盘中提供的"实例\第8章\客厅场景\材质\外景.jpg"文件。

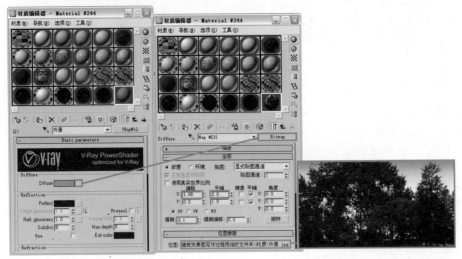

图8-102

11 将材质指定给物体"外景"，对相机视图进行渲染，此时效果如图8-103所示。

图8-103

> 提示：场景材质已经全部制作完毕，下面开始进行最终灯光测试。

8.1.4 最终测试灯光效果

由于场景中指定了大面积的深色材质，在最终渲染之前首先对场景的灯光效果再次进行测试。

⭐ 1 按F10键进入"渲染场景"对话框，进入"渲染器"选项卡，在 V-Ray:: Irradiance map (发光贴图)卷展栏中设置参数，如图8-104所示。这样就取消了调用已经保存的发光贴图。

⭐ 2 用同样的方法取消调用保存的灯光贴图，如图8-105所示。

图8-104

图8-105

⭐ 3 对相机视图进行渲染，此时效果如图8-106所示。

> 提示：观察图像，发现整体很暗，我们可以通过调整曝光参数来调节画面的亮度。

⭐ 4 进入 V-Ray:: Color mapping 卷展栏中，对其参数进行设置，如图8-107所示。

图8-106 图8-107

5 对相机视图进行渲染，此时效果如图8-108所示。

图8-108

8.1.5 最终渲染设置

1 提高灯光细分值。将所有的VRayLight的灯光细分值提高到24，如图8-109所示。

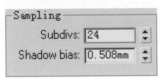

图8-109

2 按F10键打开"渲染场景"对话框，在"渲染器"选项卡中的 V-Ray:: Irradiance map (发光贴图)卷展栏中设置参数，然后设置重新对发光贴图进行保存，具体方法在前面已经介绍，此处不再赘述，如图8-110所示。

3 在 V-Ray:: Light cache (灯光缓存)卷展栏中设置参数如图8-111所示，同样对灯光贴图重新进行保存。

图8-110　　　　　　　　　　　　　　　　图8-111

4 在 `V-Ray:: rQMC Sampler` 卷展栏中设置参数，如
图8-112所示。

5 接下来对相机视图进行渲染，此次渲染只是为了
保存发光贴图和灯光贴图，所以没有必要设置抗锯齿参

图8-112

数，渲染结束后，新的发光贴图和灯光贴图就会自动保
存到设置好的路径下，再次渲染时VRay渲染器就会自动调用已经保存好的文件。最后将
"公用"选项卡中的输出大小调大，这样做会比直接渲染大图节省不少时间，如图8-113
所示。

6 最终渲染大图时设置抗锯齿参数。在"渲染器"选项卡中的 `V-Ray:: Image sampler (Antialiasing)`
卷展栏中设置参数，如图8-114所示。

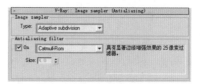

图8-113　　　　　　　　　　　　　　　图8-114

7 对相机视图进行渲染，最终效果如图8-115所示。

图8-115

8.2 卧室场景表现

8.2.1 测试渲染参数设置

　　本节中我们将详细讲解一个欧式卧室的日景效果的完整表现过程。如图8-116所示为该场景的模型边线效果，如图8-117所示为最终渲染效果。

图8-116

图8-117

　　主要灯光类型：目标平行光、VRayLight

　　主要材质类型：布、木、地毯

　　技术要点：主要掌握使用目标平行光模拟阳光效果及布类材质的制作方法

　　如图8-118所示为欧式卧室场景的简要制作流程。

环境光照明效果　　　　　　布光后效果　　　　　　最终效果

图8-118

1 打开本书所附光盘提供的"实例\第8章\卧室场景\卧室场景源文件.max"场景文件，场景中相机参数已经设置好，如图8-119所示。

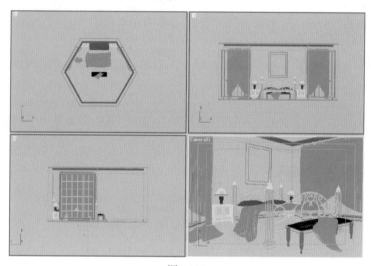

图8-119

2 在前期测试渲染阶段为了降低渲染时间，首先设置低质量的渲染参数。按F10键打开"渲染场景"对话框，我们已经事先选择了VRay渲染器。进入"渲染器"选项卡，在 V-Ray:: Global switches (全局参数)卷展栏下设置全局参数，如图8-120所示。

3 在 V-Ray:: Image sampler (Antialiasing) (抗锯齿采样)卷展栏中设置参数，如图8-121所示。

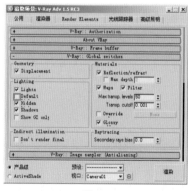

图8-120　　　　　　　　　　　　　图8-121

4 在 `V-Ray:: Indirect illumination (GI)` (间接照明)卷展栏下设置参数，如图8-122所示。勾选卷展栏中的On复选框后，该卷展栏中的参数将全部可用(未勾选前呈灰色显示)。

5 在 `V-Ray:: Irradiance map` (发光贴图)卷展栏中设置参数，如图8-123所示。

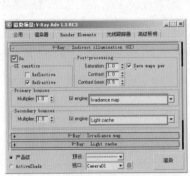

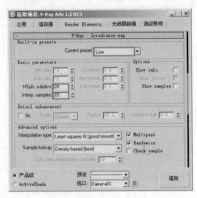

图8-122   图8-123

> 提示：此卷展栏只有在 `V-Ray:: Indirect illumination (GI)` (间接照明)卷展栏中的一次反弹方式中选择了Irradiance map时才会出现。

6 在 `V-Ray:: Light cache` (灯光缓存)卷展栏中设置参数，如图8-124所示。

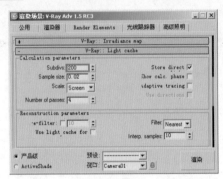

图8-124

> 提示：此卷展栏只有在 `V-Ray:: Indirect illumination (GI)` (间接照明)卷展栏的二次反弹方式中选择了Light cache时才会出现。

7 在 `V-Ray:: Environment` (环境)卷展栏中设置参数，如图8-125所示。

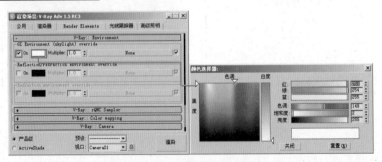

图8-125

8.2.2　场景灯光布置

⭐ 1　为了便于观察灯光的测试效果，我们用一种白色材质来替换场景内的所有物体材质。按M键打开"材质编辑器"对话框，选择一个空白材质球，单击　Standard　按钮，在弹出的"材质/贴图浏览器"对话框中选择 ● VRayMtl 材质，将材质命名为"替换材质"，参数设置如图8-126所示。

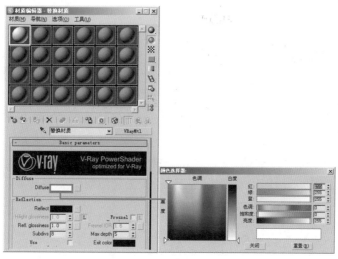

图8-126

⭐ 2　然后按F10键打开"渲染场景"对话框，进入 V-Ray:: Global switches (全局参数)卷展栏，勾选Override选项，然后将刚制作好的材质拖到它后面的 None 贴图按钮上，在弹出的"实例(副本)材质"对话框中选择"实例"选项进行关联复制，如图8-127所示。

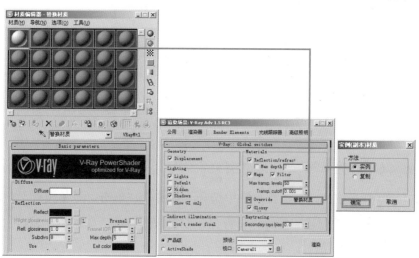

图8-127

3　下面设置场景的背景颜色。按8键进入"环境和效果"对话框，设置背景颜色，如图8-128所示。

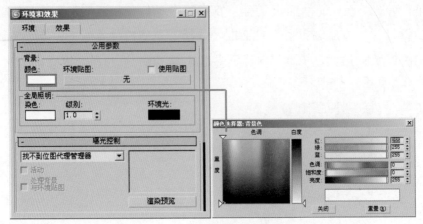

图8-128

4　把场景中的物体"窗玻璃1"、"窗玻璃2"和"纱帘"隐藏，此时对相机视图进行渲染，效果如图8-129所示，可以看到场景已经由于天光照明而变亮。

图8-129

提示：对"窗玻璃1"、"窗玻璃2"和"纱帘"隐藏是为了观察天光的光照效果。

5　下面来布置灯光，首先使用标准灯光中的目标平行光来模拟日光。进入 创建命令面板，单击 灯光按钮，在下拉列表中选择"标准"，单击"对象类型"中的"目标平行光"按钮，在顶视图中创建一盏目标平行光，设置它的参数，在视图中调整它的位置，如图8-130所示。

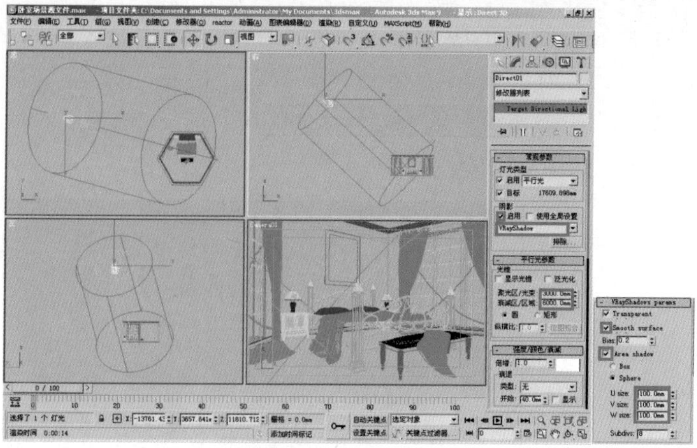

图8-130

6 对相机视图进行渲染，效果如图8-131所示。

图8-131

7 从图中我们观察到，左侧窗口曝光比较严重，而且画面整体也偏亮，下面我们对场景进行曝光控制。按F10键打开"渲染场景"对话框，进入 V-Ray:: Color mapping 卷展栏中进行设置，如图8-132所示。

8 再次对相机视图进行渲染，效果如图8-133所示。

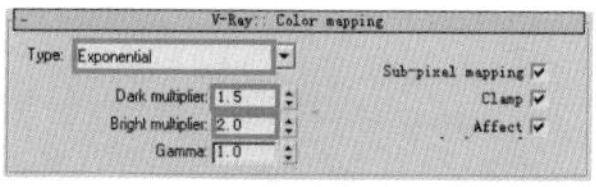

图8-132

图8-133

9　从图中可以看到左侧窗口的曝光问题虽然被解决了，但整个画面显得十分苍白，没有层次感和深度感，下面通过修改二次反弹值来解决这个问题。打开"渲染场景"对话框，进入"渲染器"选项卡，在 `V-Ray:: Global switches` (全局参数)卷展栏下进行设置，如图8-134所示。此时渲染效果如图8-135所示。

图8-134　　　　　　　　　　　　　　　　　图8-135

10　下面开始创建模拟天光的VRayLight面光源。进入创建面板，单击 按钮，在下拉列表中选择VRay，在"对象类型"卷展栏中单击 `VRayLight` ，在前视图中创建一盏VRayLight，设置其参数，并在视图中调整它的位置，如图8-136所示。

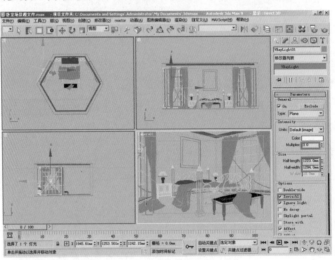

图8-136

11　在顶视图中按住Shift键对刚创建的VRayLight进行关联复制，并对复制出的VRayLight的位置进行调整，如图8-137所示。

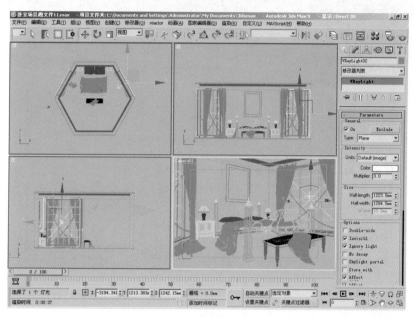

图8-137

12 此时对相机视图进行渲染，效果如图8-138所示。

图8-138

提示：为了加快渲染速度，在测试渲染阶段我们并没有将灯光细分值调高，所以画面
会有很明显的杂点，在最终渲染时会解决这个问题。

13 下面在靠近相机的部位创建一盏VRayLight作为补光，其位置及参数如图8-139
所示。

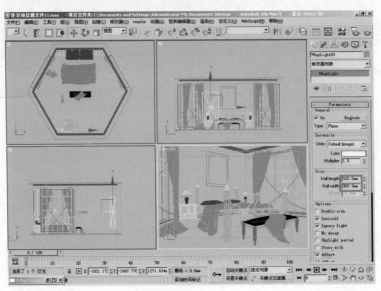

图8-139

★ 14 对相机视图进行渲染，效果如图8-140所示。

图8-140

8.2.3 设置场景材质

★ 1 制作材质时为了缩短渲染时间，首先要对发光贴图和灯光贴图进行保存。按F10键打开"渲染场景"对话框，在"渲染器"选项卡中的 V-Ray:: Irradiance map 发光贴图卷展栏下On render end选项组中，勾选Don't delete和Auto save复选框，单击Auto save后面的 Browse 按钮，在弹出的Auto save irradiance map(自动保存发光贴图)对话框中输入要保存的.vrmap文件的名称及路径，然后勾选Switch to saved map复选框，渲染结束后，保存的发光贴图将自动转换到From file选项中，再次渲染时就不用再计算发光贴图了，渲染器会直接调用已经保存好的发光贴图文件，如图8-141所示。

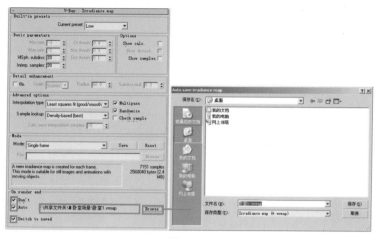

图8-141

2 保存灯光贴图需要进入 `V-Ray:: Light cache` 卷展栏中，保存方法与保存发光贴图相同。然后对相机视图进行渲染，渲染完成后，发光贴图和灯光贴图将自动保存在指定路径中。

3 下面开始制作场景中的材质。首先制作窗玻璃材质，按M键打开"材质编辑器"对话框，选择一个空白材质球，单击 `Standard` 按钮，在弹出的"材质/贴图浏览器"对话框中选择 `VRayMtl` 材质，将材质命名为"窗玻璃"，参数设置如图8-142所示。

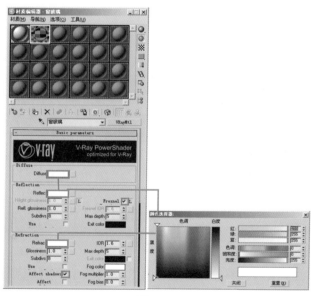

图8-142

4 将场景中隐藏着的物体恢复显示，然后选择物体"窗玻璃1"和"窗玻璃2"，单击按钮，将"窗玻璃"材质指定给它们。

5 下面制作"窗框"材质。按M键打开"材质编辑器"对话框，选择一个空白材质球，将材质设置为 `VRayMtl` 材质，将材质命名为"窗框"，参数设置如图8-143所示。单击按钮，将材质指定给物体"窗框"。

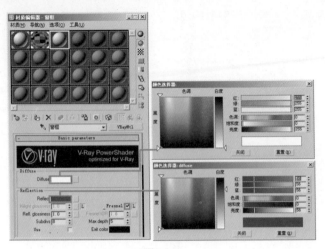

图8-143

★ 6 下面制作"纱帘"材质。按M键打开"材质编辑器"对话框，选择一个空白材质球，将材质设置为 ● VRayMtl 材质，将材质命名为"纱帘"，参数设置如图8-144所示。单击 按钮，将材质指定给物体"纱帘"。

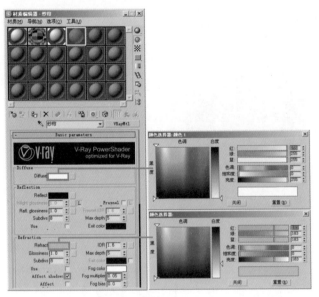

图8-144

★ 7 下面制作"纱帘金边"材质。按M键打开"材质编辑器"对话框，选择一个空白材质球，将材质设置为 ● VRayMtl 材质，将材质命名为"纱帘边"，参数设置如图8-145所示。单击 按钮，将材质指定给物体"纱帘金边"。

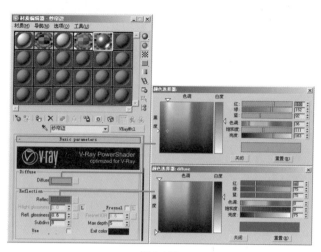

图8-145

8 下面制作"深色窗帘"材质。按M键打开"材质编辑器"对话框,选择一个空白材质球,将材质设置为 ● VRayMtl 材质,将材质命名为"窗帘",参数设置如图8-146所示。

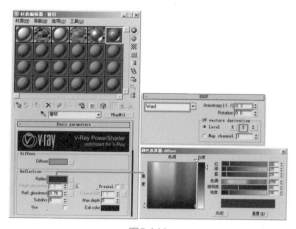

图8-146

9 单击Diffuse贴图按钮,在弹出的"材质/贴图浏览器"对话框中选择Falloff(衰减)贴图,参数设置如图8-147所示。单击 按钮,将材质指定给物体"深色窗帘"。

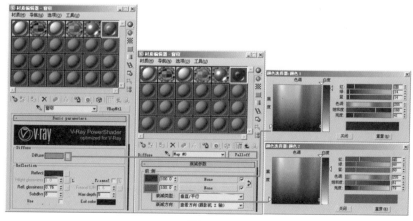

图8-147

⭐ 10 "窗帘"材质的颜色比较深，容易出现色溢现象，所以为了避免发生色溢，我们要给材质设置 VRayMtlWrapper(VRay材质包裹)。单击 VRayMtl 按钮，在弹出的"材质/贴图浏览器"对话框中选择 VRayMtlWrapper 材质，并选择"将旧材质保存为子材质"选项，参数设置如图8-148所示。

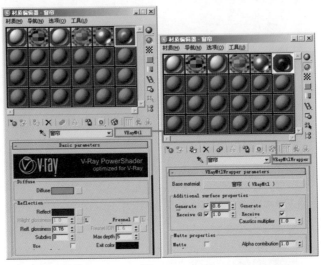

图8-148

⭐ 11 局部渲染效果如图8-149所示。

图8-149

⭐ 12 下面制作"窗帘杆"材质。按M键打开"材质编辑器"对话框，选择一个空白材质球，将材质设置为 VRayMtl 材质，将材质命名为"窗帘杆"，参数设置如图8-150所示。将材质指定给物体"窗帘杆"。

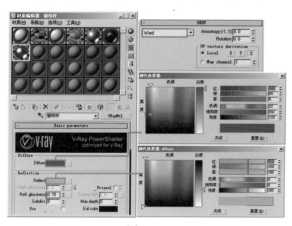

图8-150

★ 13 下面制作"墙"的材质。按M键打开"材质编辑器"对话框,选择一个空白材质球,将材质设置为 ⚫VRayMtl 材质,将材质命名为"墙",参数设置如图8-151所示。

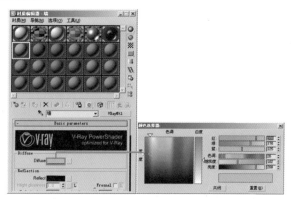

图8-151

★ 14 墙体面积很大,所以为了控制色溢同样的给它加一个VRay包裹材质 ⚫VRayMtlWrapper,参数设置如图8-152所示。将材质指定给物体"墙"。

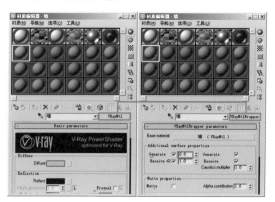

图8-152

★ 15 下面制作"地面"材质。按M键打开"材质编辑器"对话框,选择一个空白材质球,将材质设置为 ⚫VRayMtl 材质,将材质命名为"地面",设置其参数,单击Diffuse的贴图按钮，在弹出的"材质/贴图浏览器"对话框中选择Falloff(衰减)贴图，参数设置如图8-153所示。

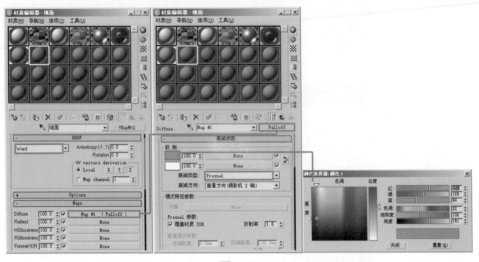

图8-153

★ 16 返回 **VRayMtl** 层级，单击Maps卷展栏中的Bump贴图按钮，在弹出的"材质/贴图浏览器"对话框中选择Bitmap(位图)贴图，参数设置如图8-154所示。贴图文件为本书所附光盘中所提供的"实例\第8章\卧室场景\材质\200672522424836811.jpg"文件。

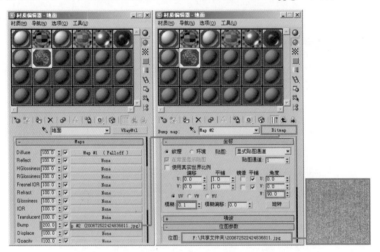

图8-154

★ 17 返回 **VRayMtl** 层级，单击 **VRayMtl** 按钮，在弹出的"材质/贴图浏览器"对话框中选择 ● **VRayMtlWrapper** 材质，并选择"将旧材质保存为子材质"选项，设置其参数。将材质指定给物体"地面"，进入修改命令面板，给物体"地面"添加一个 **UVW 贴图** 修改器，参数设置如图8-155所示。

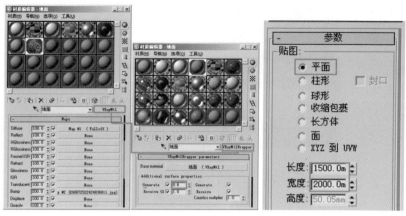

图8-155

18 局部渲染效果如图8-156所示。

图8-156

19 下面制作"白色乳胶漆"材质。按M键打开"材质编辑器"对话框，选择一个空白材质球，将材质设置为 ⬤ VRayMtl 材质，将材质命名为"白色乳胶漆"，参数设置如图8-157所示。将材质指定给物体"顶"和"石膏线"。

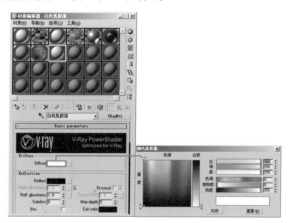

图8-157

20 下面制作部分木质家具的材质。按M键打开"材质编辑器"对话框，选择一个空白材质球，将材质设置为 ⬤ VRayMtl 材质，将材质命名为"木纹"，参数设置如图8-158所示。

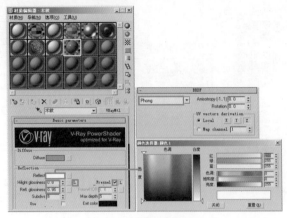

图8-158

⭐ 21　单击Diffuse贴图按钮，在弹出的"材质/贴图浏览器"对话框中选择Bitmap(位图)贴图，参数设置如图8-159所示。贴图文件为本书所附光盘中提供的"实例\第8章\卧室场景\材质\木纹001.jpg"文件。

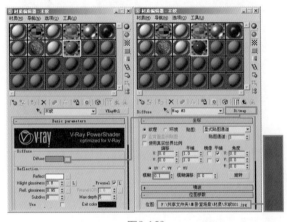

图8-159

⭐ 22　将材质指定给物体"床木"和"长椅木框架"，进入 修改命令面板，分别给物体"床木"和"长椅木框架"添加 UVW 贴图 修改器，如图8-160所示。

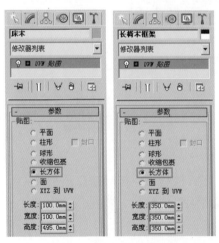

图8-160

★23　下面制作"床垫"材质。按M键打开"材质编辑器"对话框，选择一个空白材质球，将材质设置为 ◉ VRayMtl 材质，将材质命名为"布"，单击Diffuse贴图按钮，在弹出的"材质/贴图浏览器"对话框中选择Bitmap(位图)贴图，参数设置如图8-161所示。贴图文件为本书所附光盘中所提供的"实例\第8章\卧室场景\材质\cloth_143_fabric_color.jpg"文件。

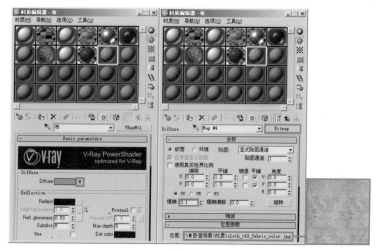

图8-161

★24　返回 VRayMtl 材质层级，单击Maps卷展栏下的Reflect的贴图按钮，在弹出的"材质/贴图浏览器"对话框中选择Bitmap(位图)贴图，参数设置如图8-162所示。贴图文件为本书所附光盘中提供的"实例\第8章\卧室场景\材质\cloth_143_fabric_refl.jpg"文件。

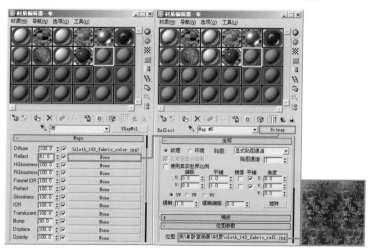

图8-162

★25　返回 VRayMtl 材质层级，在Maps卷展栏中将Reflect的贴图分别复制给RGlossiness和Bump，然后分别更改他们的贴图文件，贴图文件为本书所附光盘中提供的"实例\第8章\卧室场景\材质\cloth_143_fabric_gloss.jpg"和"实例\第8章\卧室场景\材质\cloth_143_fabric_bump.jpg"文件，如图8-163所示。

★26　将材质指定给物体"床垫"和"长椅软包"。进入 修改命令面板，分别给物体"床垫"和"长椅软包"添加一个 UVW 贴图 修改器，如图8-164所示。

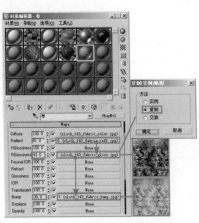

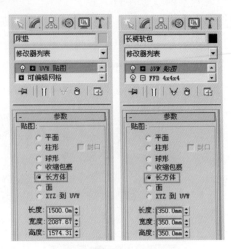

图8-163　　　　　　　　　　　　　　　　图8-164

27 下面制作"床单"材质。按M键打开"材质编辑器"对话框，选择一个空白材质球，将材质设置为 **VRayMtl** 材质，将材质命名为"床单"，参数设置如图8-165所示。

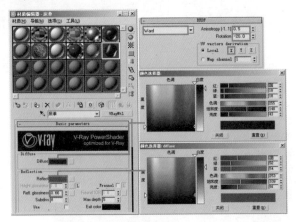

图8-165

28 单击Maps卷展栏中的Bump的贴图按钮，在弹出的"材质/贴图浏览器"对话框中选择Bitmap(位图)贴图，参数设置如图8-166所示。贴图文件为本书所附光盘中所提供的"实例\第8章\卧室场景\材质\cloth_02.jpg"文件。将材质指定给物体"床单"、"靠垫"和"枕头"。

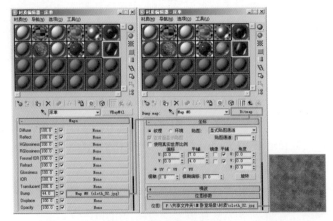

图8-166

★29 下面制作"床金属"材质。按M键打开"材质编辑器"对话框，选择一个空白材质球，将材质设置为 **VRayMtl** 材质，将材质命名为"床金属"，参数设置如图8-167所示。将材质指定给物体"床金属"、"长椅金属"、"柜子把手"、"柜子把手02"、"柜子金边"和"柜子金边02"。

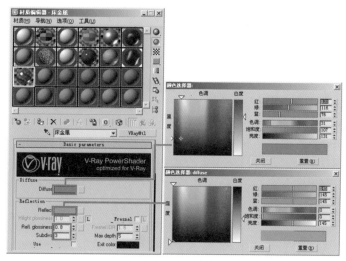

图8-167

★30 对床进行局部渲染，效果如图8-168所示。

图8-168

★31 下面制作"衣服"材质。按M键打开"材质编辑器"对话框，选择一个空白材质球，将材质设置为 **VRayMtl** 材质，将材质命名为"衣服"，参数设置如图8-169所示。

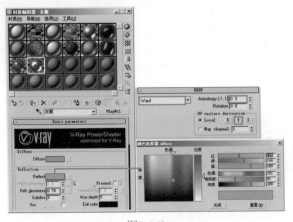

图8-169

32 单击Diffuse贴图按钮，在弹出的"材质/贴图浏览器"对话框中选择Falloff(衰减)贴图，参数设置如图8-170所示。将材质指定给物体"衣服"。

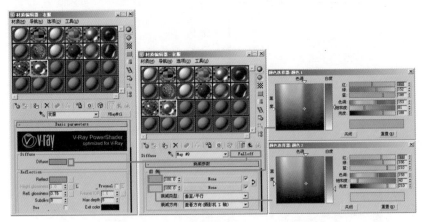

图8-170

33 装饰画的材质分为"画框"和"画"两部分。按M键打开"材质编辑器"对话框，选择一个空白材质球，将材质设置为 ⚫VRayMtl 材质，将材质命名为"画框"，参数设置如图8-171所示。

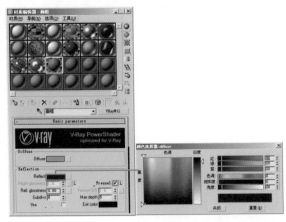

图8-171

★ 34　单击Diffuse贴图按钮，在弹出的"材质/贴图浏览器"对话框中选择Bitmap(位图)贴图，设置其参数，然后返回 **VRayMtl** 材质层级，将Maps卷展栏中的Diffuse贴图关联复制给Bump，如图8-172所示。贴图文件为本书所附光盘中提供的"实例\第8章\卧室场景\材质\B-034.JPG"文件。将材质指定给物体"画框"。

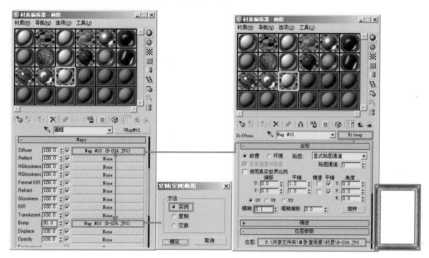

图8-172

★ 35　下面制作"画"材质。按M键打开"材质编辑器"对话框，选择一个空白材质球，将材质设置为 ⬤ **VRayMtl** 材质，将材质命名为"画"，单击Diffuse贴图按钮，在弹出的"材质/贴图浏览器"对话框中选择Bitmap(位图)贴图，参数设置如图8-173所示。

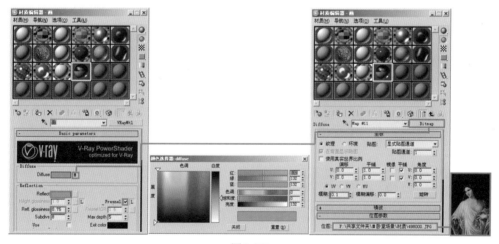

图8-173

★ 36　将材质指定给物体"画"，局部渲染效果如图8-174所示。

★ 37　台灯的材质分为"灯罩"和"瓷器"两部分。按M键打开"材质编辑器"对话框，选择一个空白材质球，将材质命名为"灯罩"，单击Diffuse贴图按钮，在弹出的"材质/贴图浏览器"对话框中选择"衰减"贴图，参数设置如图8-175所示。将材质指定给物体"灯罩"。

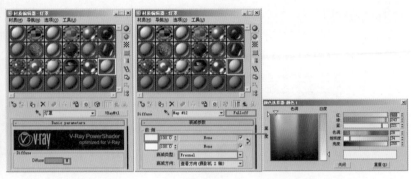

图8-174 　　　　　　　　　　　　　　　　图8-175

⭐ 38 　下面制作"台灯底座"材质。按M键打开"材质编辑器"对话框，选择一个空白材质球，将材质设置为 ● VRayMtl 材质，将材质命名为"台灯底座"，单击Diffuse贴图按钮，在弹出的"材质/贴图浏览器"对话框中选择"位图"贴图，参数设置如图8-176所示。单击 按钮，将材质指定给物体"台灯底座"。贴图文件为本书所附光盘提供的"实例\第8章\卧室场景\材质\granite_01.jpg"文件。

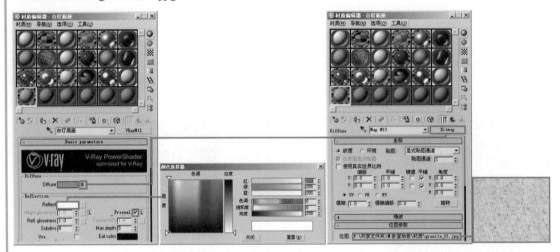

图8-176

⭐ 39 　下面制作"柜子"材质。按M键打开"材质编辑器"对话框，选择一个空白材质球，将材质设置为 ● VRayMtl 材质，将材质命名为"木纹2"，单击Diffuse贴图按钮，在弹出的"材质/贴图浏览器"对话框中选择"位图"贴图，参数设置如图8-177所示。贴图文件为本书所附光盘提供的"实例\第8章\卧室场景\材质\wood_15_diffuse.jpg"文件。

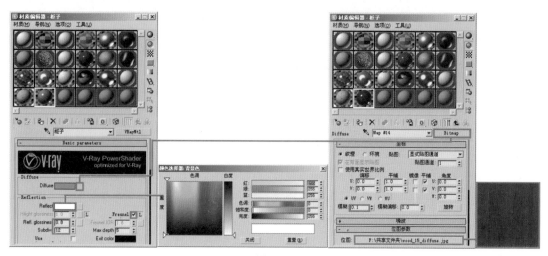

图8-177

⭐ 40 将材质指定给物体"柜子"。局部渲染效果如图8-178所示。

图8-178

8.2.4 最终测试灯光效果

由于场景中指定了大面积的深色材质，在最终渲染之前首先对场景的灯光效果再次进行测试。

⭐ 1 按F10键进入"渲染场景"对话框，进入"渲染器"选项卡，在VRay::Zrradiance map(发光贴图)卷展栏中设置参数，如图8-179所示。这样就取消了调用已经保存的发光贴图。

⭐ 2 用同样的方法取消调用保存的灯光贴图，如图8-180所示。

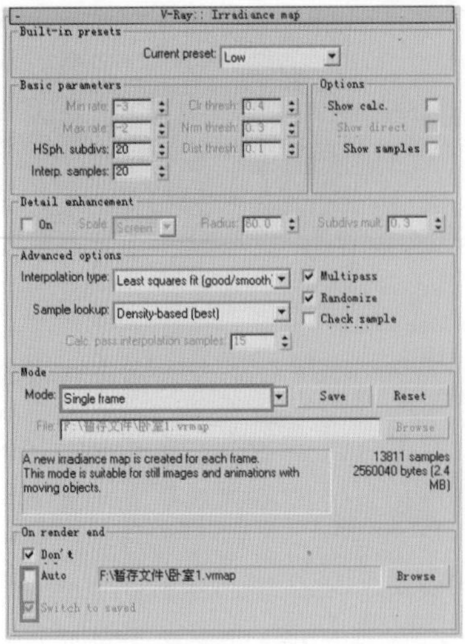

图 8-179 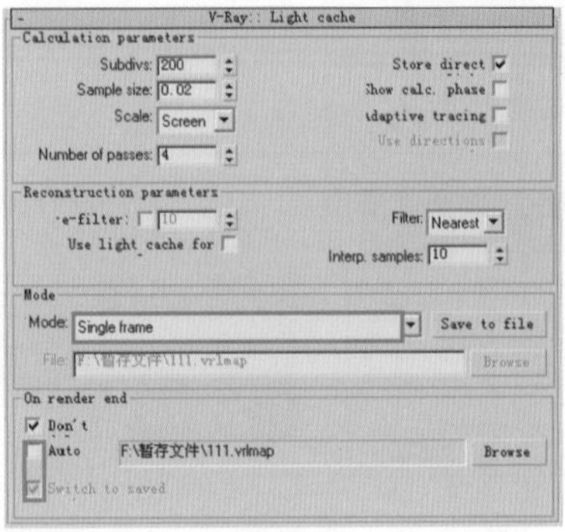   图8-180

3 对相机视图进行渲染，效果如图8-181所示。

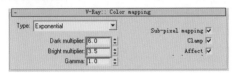

图8-181

提示：观察图像，发现整体很暗，我们可以通过调整曝光参数来调节画面的亮度。

4 进入 **V-Ray:: Color mapping** 卷展栏中，对其参数进行设置，如图8-182所示。

图8-182

5 对相机视图进行渲染，效果如图8-183所示。

图8-183

8.2.5 最终渲染设置

1 提高灯光细分值。将所有VRayLight的灯光细分值提高，如图8-184所示。

2 选择目标平行光"Direct01"，在其VRayShadows params卷展栏中设置，如图8-185所示。

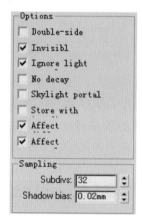

图8-184

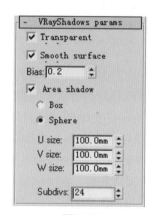

图8-185

3 按F10键打开"渲染场景"对话框，在"渲染器"选项卡中的 **V-Ray:: Irradiance map** (发光贴图)卷展栏中设置参数，重新对发光贴图进行保存，方法在前面已经介绍，此处不再赘述，如图8-186所示。

4 在 **V-Ray:: Light cache** (灯光缓存)卷展栏中设置参数如图8-187所示，同样对灯光贴图重新进行保存。

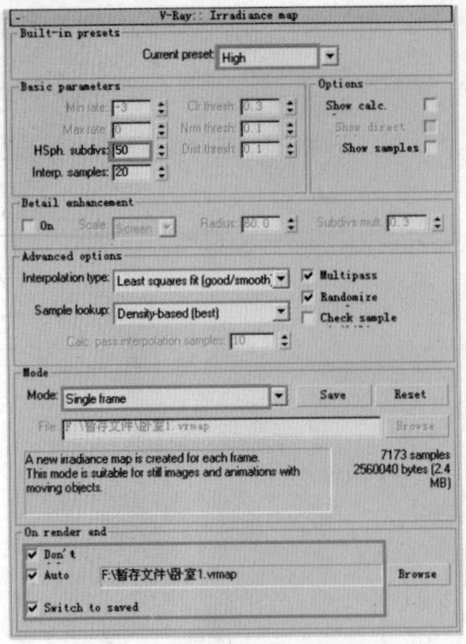

图 8-186

图8-187

⭐ 5 在 `V-Ray:: rQMC Sampler` 卷展栏中设置参数，如图8-188所示。

⭐ 6 在"公用"选项卡中改变输出大小，如图8-189所示。

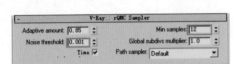

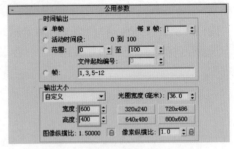

图 8-188

图8-189

⭐ 7 接下来对相机视图进行渲染，此次渲染只是为了保存发光贴图和灯光贴图，渲染结束后，新的发光贴图和灯光贴图就会自动保存到设置好的路径下，再次渲染时VRay渲染器就会自动调用已经保存好的文件。最后将"公用"选项卡中的输出大小调大，这样做会比直接渲染大图节省不少时间，如图8-190所示。

⭐ 8 最后设置抗锯齿参数。在"渲染器"选项卡中的 `V-Ray:: Image sampler (Antialiasing)` 卷展栏中设置参数，如图8-191所示。

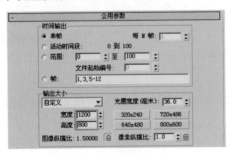

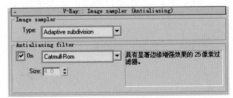

图 8-190

图 8-191

9 对相机视图进行渲染，最终效果如图8-192所示。

图 8-192

第 9 章 写实建筑外观场景表现

9.1 摄像机架设及设置测试渲染参数

　　本节中我们将讲解一个建筑外观的日景场景的完整表现过程，如图9-1所示为该场景的
线框渲染效果，如图9-2所示为进行后期处理后的最终效果。

图9-1

图9-2

主要灯光类型：目标平行光
主要材质类型：建筑外墙、水泥面、铁
技术要点：主要掌握建筑外观的布光方法及如何在Photoshop中进行后期处理
如图9-3所示为建筑外观日景场景的简要制作流程。

一盏目标平行光效果　　　　两盏目标平行光效果

最终渲染效果　　　　　　　后期处理效果

图9-3

9.1.1 架设相机

1 打开本书所附光盘中提供的"实例\第9章\建筑外观表现\建筑外观源文件.max"场景文件，如图9-4所示。

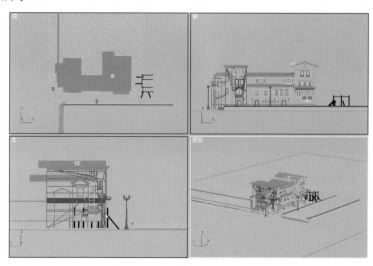

图9-4

2 首先需要为场景架设相机，确定一个视点，这个场景我们选择了建筑的前方偏左的位置作为观察点。单击 创建命令面板中的 (相机)按钮，然后单击"对象类型"卷展栏中的 目标 按钮，在顶视图中创建一盏目标相机，如图9-5所示。

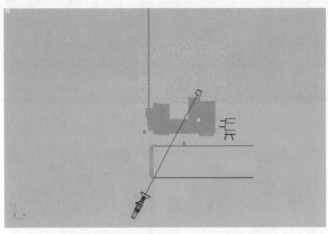

图9-5

3 接下来在视图中调整相机的高度及参数设置，相机高度以人眼睛的高度为参考，这样架设相机看到的效果才会比较接近现实，设置好相机后在透视图中按C键切换到相机视图，参数设置如图9-6所示。

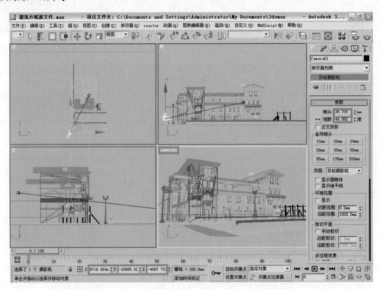

图9-6

9.1.2 设置测试渲染参数

1 在布置灯光和制作材质前我们首先设置低质量的渲染参数来进行测试渲染。首先将MAX默认的"默认扫描线渲染器"更改为VRay渲染器。按F10键打开"渲染场景"对话框，进入"公用"选项卡，在其"指定渲染器"卷展栏中将渲染器设置为VRay渲染器，如图9-7所示。

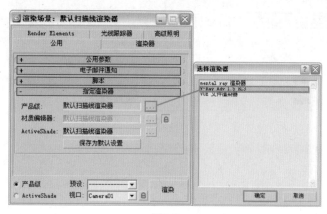

图9-7

2　在"公用参数"卷展栏的"输出大小"选项组中设置较小的图像尺寸，然后设置并锁定图像纵横比，如图9-8所示。

3　进入"渲染器"选项卡，在其 **V-Ray:: Global switches**(全局参数)卷展栏中设置参数，将MAX默认的灯光取消，如图9-9所示。

图9-8

图9-9

4　在 **V-Ray:: Image sampler (Antialiasing)**(抗锯齿采样)卷展栏中设置参数，如图9-10所示。

5　在 **V-Ray:: Indirect illumination (GI)**(间接照明)卷展栏中设置参数，如图9-11所示。

图9-10

图9-11

6　在 **V-Ray:: Irradiance map**(发光贴图)卷展栏中设置参数，如图9-12所示。

7　在 **V-Ray:: Light cache**(灯光缓存)卷展栏中设置参数，如图9-13所示。

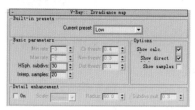

图9-12

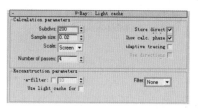

图9-13

⭐ 8 在 `V-Ray:: Environment`(环境)卷展栏中设置参数，如图9-14所示。

图9-14

9.2 场景灯光布置

9.2.1 布置场景灯光

⭐ 1 上面我们设置了测试渲染用的各种参数，为了便于观察灯光的测试效果，我们首先使用一种白色材质来替换场景内所有的物体材质。按M键打开"材质编辑器"对话框，选择一个空白材质球，单击 `Standard` 按钮，在弹出的"材质/贴图浏览器"对话框中选择VrayMtl材质，将材质命名为"替换材质"，参数设置如图9-15所示。

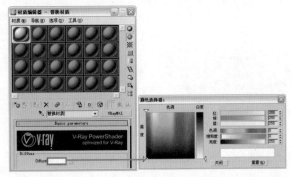

图9-15

⭐ 2 然后按F10键打开"渲染场景"对话框，进入 `V-Ray:: Global switches`(全局参数)卷展栏，勾选Override选项，然后将刚制作好的材质球拖动到它右侧的NONE贴图按钮上，在弹出的"实例(副本)材质"对话框中选择"实例"选项进行关联复制，如图9-16所示。

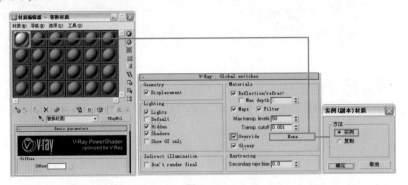

图9-16

⭐ 3 下面开始为场景布置灯光。单击 🔆 创建命令面板中的 🔆 灯光按钮，然后单击"对象类型"卷展栏中的 `目标平行光` 按钮，在视图中创建一盏目标平行光，用它来模拟太阳光,所以颜色要偏暖,位置及参数设置如图9-17所示。

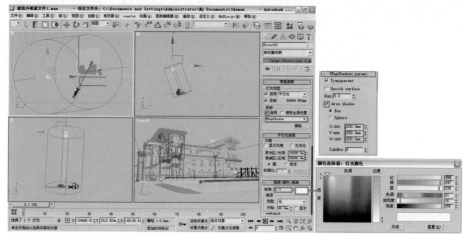

图9-17

4 单击Direct01"常规参数"卷展栏中的"排除"按钮,在弹出的"排除/包含"对话框中将除建筑外的地面部分全部排除,这盏灯只用来照亮建筑主体部分,如图9-18所示。

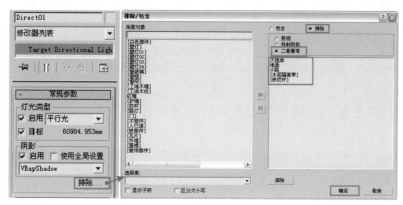

图9-18

5 对相机视图进行渲染,效果如图9-19所示。

图9-19

> 提示：因为排除的原因，地面部分很暗。

★ 6 下面来单独照亮地面部分，复制刚刚创建的目标平行光Direct01，不要关联，将它的倍增降低至0.7，改变其位置，如图9-20所示。

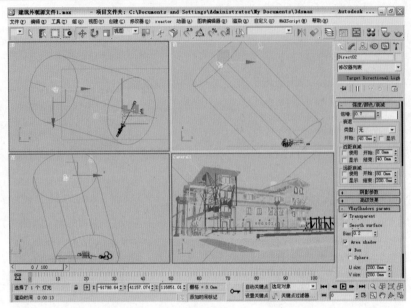

图9-20

★ 7 这个灯主要是用来照亮地面部分的，所以要将建筑主体部分排除，设置如图9-21所示。

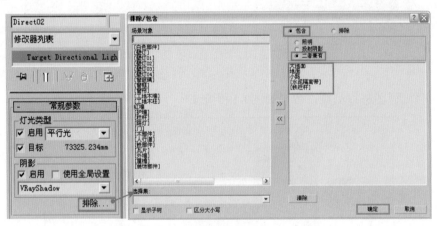

图9-21

★ 8 对相机视图进行渲染，此时效果如图9-22所示。

图9-22

> 提示：因为排除了建筑主体部分，所以灯光对建筑主体部分影响不大，而地面部分则被照得比较亮了。

9 观察渲染结果，发现场景有些曝光了，下面通过降低二次反弹的倍增来改善曝光状况。按F10键打开"渲染场景"对话框，在 `V-Ray:: Indirect illumination (GI)` 卷展栏中进行参数设置，如图9-23所示。

图9-23

10 对相机视图进行渲染，此时效果如图9-24所示。

图9-24

9.2.2 保存发光贴图及灯光贴图

通过上面的调整，曝光现象明显得到改善，下面需要对场景此时的发光贴图和灯光贴图进行保存，在下面的制作材质过程中就会用到保存好的贴图以减少测试渲染时间。

⭐ 1 按F10键打开"渲染场景"对话框，在"渲染器"选项卡中的 `V-Ray:: Irradiance map`(发光贴图)卷展栏中的On render end选项组中，勾选Don't delete和Auto save复选框，单击Auto save右侧的 `Browse` 按钮，在弹出的Auto save irradiance map(自动保存发光贴图)对话框中输入要保存的.vrmap文件的名称及路径，然后勾选Switch to saved map复选框，渲染结束后，保存的发光贴图将自动转换到From file选项中，再次渲染时就不用再计算发光贴图了，渲染器会直接调用已经保存好的发光贴图文件，如图9-25所示。

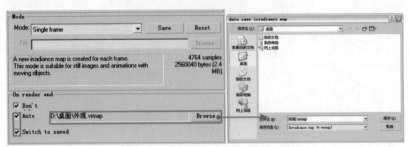

图9-25

> 提示：此时不要渲染，设置好下面的灯光贴图后再渲染，这样就可以一次将两个贴图
> 同时保存。

⭐ 2 保存灯光贴图需要进入 `V-Ray:: Light cache` 卷展栏中，保存方法与保存发光贴图相同，如图9-26所示。然后对相机视图进行渲染，渲染完成后，发光贴图和灯光贴图将自动保存在指定路径中并会在下次渲染时自动调用。

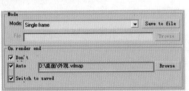

图9-26

> 提示：设置完成后对相机视图进行渲染，渲染完成后贴图就会被自动保存。

9.3 材质制作

⭐ 1 在制作材质前要先取消场景的材质覆盖状态。进入"渲染器"选项卡中的 `V-Ray:: Global switches`(全局参数)卷展栏，取消对Override选项的勾选，如图9-27所示。

⭐ 2 下面开始制作场景中的材质，首先从外墙开始。按M键打开"材质编辑器"对话框，选择一个空白材质球，单击 `Standard` 按钮，在弹出的"材质/贴图浏览器"对话框中选择 ⚫ `VRayMtl` 贴图，如图9-28所示。

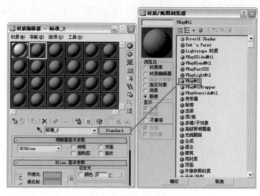

图9-27　　　　　　　　　　　　　　　　　　　　图9-28

3 将材质命名为"外墙"，单击Diffuse右侧的贴图按钮，在弹出的"材质/贴图浏览器"对话框中选择"位图"贴图，参数设置如图9-29所示。贴图文件为本书所附光盘中提供的"实例\第9章\建筑外观表现\材质\6020.bmp"文件。

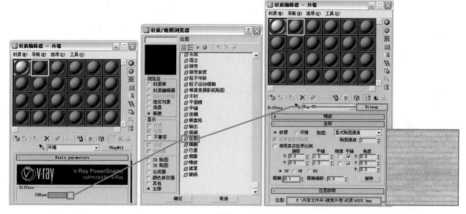

图9-29

4 返回 **VRayMtl** 材质层级，进入Maps卷展栏，将Diffuse右侧的贴图按钮拖动到Bump贴图按钮上，并选择"实例"进行关联复制，参数设置如图9-30所示。

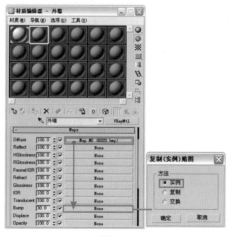

图9-30

5 将材质指定给物体"外墙",对相机视图进行渲染,此时效果如图9-31所示。

图9-31

6 下面制作窗台部分的材质。按M键打开"材质编辑器"对话框,选择一个空白材质球,将材质设置为 VRayMtl 材质,将材质命名为"白色",参数设置如图9-32所示。

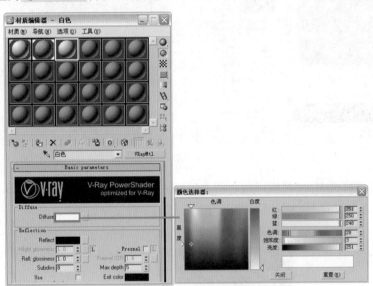

图9-32

7 进入Maps卷展栏,单击Bump右侧的NONE贴图按钮,在弹出的"材质/贴图浏览器"对话框中选择Bitmap(位图)贴图,参数设置如图9-33所示。贴图文件为本书所附光盘中提供的"实例\第9章\建筑外观表现\材质\1115910937.jpg"文件。将材质指定给物体"白色部件"。

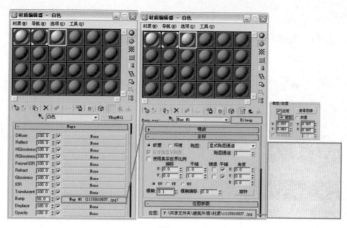

图9-33

★ 8 下面制作瓦片材质。按M键打开"材质编辑器"对话框,选择一个空白材质球,将材质设置为 VRayMtl 材质,将材质命名为"瓦片",单击Diffuse右侧的贴图按钮,在弹出的"材质/贴图浏览器"对话框中选择Bitmap(位图)贴图,参数设置如图9-34所示。贴图文件为本书所附光盘中提供的"实例\第9章\建筑外观表现\材质\america006.jpg"文件。

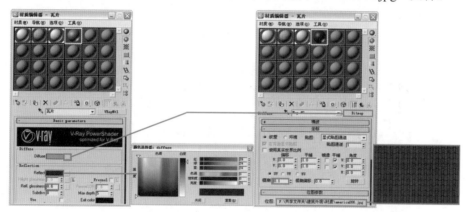

图9-34

★ 9 返回 VRayMtl 材质层级,进入Maps卷展栏,将Diffuse右侧的贴图按钮拖动到Bump贴图按钮上,并选择"实例"选项进行关联复制,参数设置如图9-35所示。

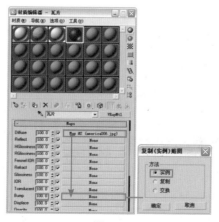

图9-35

⭐ 10　将材质指定给物体"瓦片"，因为"瓦片"材质颜色较深，所以为了避免发生色溢现象，给它设置为 🔵 VRayMtlWrapper 材质，参数设置如图9-36所示。

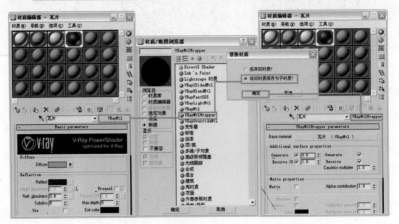

图9-36

⭐ 11　对相机视图进行渲染，此时效果如图9-37所示。

图9-37

⭐ 12　下面制作窗框的材质。按M键打开"材质编辑器"对话框，选择一个空白材质球，将材质命名为"窗框"，参数设置如图9-38所示。将材质指定给物体"窗框"。

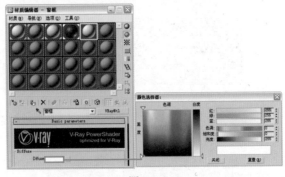

图9-38

★ 13 下面制作窗玻璃材质。按M键打开"材质编辑器"对话框，选择一个空白材质球，将材质设置为 **VRayMtl** 材质，将材质命名为"窗玻璃"，参数设置如图9-39所示。

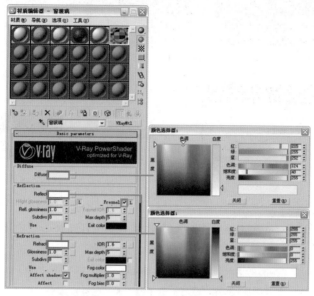

图9-39

★ 14 将材质指定给物体"窗玻璃"，对相机视图进行渲染，此时效果如图9-40所示。

图9-40

★ 15 下面制作建筑中的木制部分。按M键打开"材质编辑器"对话框，选择一个空白材质球，将材质设置为 **VRayMtl** 材质，将材质命名为"木"，单击Diffuse右侧的贴图按钮，在弹出的"材质/贴图浏览器"对话框中选择Bitmap(位图)贴图，参数设置如图9-41所示。贴图文件为本书所附光盘中提供的"实例\第9章\建筑外观表现\材质\柚木-06.jpg"文件。

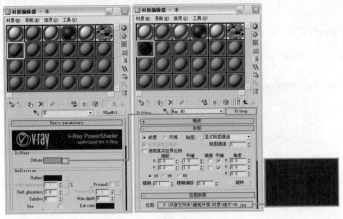

图9-41

16 将材质指定给物体"木部件",因材质"木"颜色较深,为了避免色溢的发生,将材质设置为 ⚫VRayMtlWrapper (VRay材质包裹)材质,降低它的GI产生值,参数设置如图9-42所示。

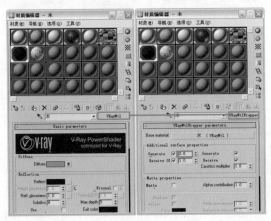

图9-42

17 对相机视图进行渲染,此时效果如图9-43所示。

图9-43

18 下面制作建筑的门材质。按M键打开"材质编辑器"对话框，选择一个空白材质球，将材质设置为 **VRayMtl** 材质，将材质命名为"门"，参数设置如图9-44所示。

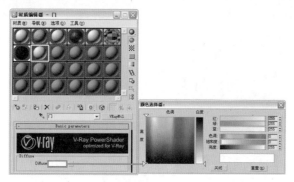

图9-44

19 进入Maps卷展栏，单击Bump右侧的NONE贴图按钮，在弹出的"材质/贴图浏览器"对话框中选择Bitmap(位图)贴图，参数设置如图9-45所示。贴图文件为本书所附光盘中提供的"实例\第9章\建筑外观表现\材质\dr-a-24-0025.jpg"文件。

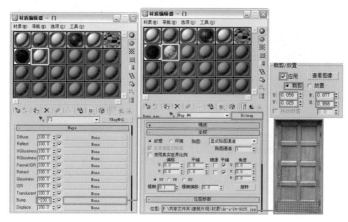

图9-45

20 将材质指定给物体"门"，对相机视图进行渲染，此时效果如图9-46所示。

图9-46

⭐21 下面制作墙面上的装饰材质。按M键打开"材质编辑器"对话框,选择一个空白材质球,将材质设置为 ⬤VRayMtl 材质,将材质命名为"涂料",参数设置如图9-47所示。将材质指定给物体"装饰部件"。

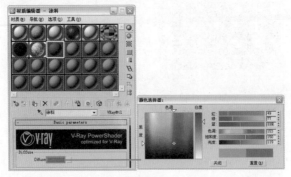

图9-47

⭐22 下面制作场景中的栏杆材质。按M键打开"材质编辑器"对话框,选择一个空白材质球,将材质设置为 ⬤VRayMtl 材质,将材质命名为"栏杆",参数设置如图9-48所示。

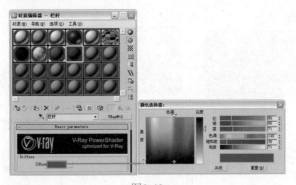

图9-48

⭐23 将材质指定给物体"栏杆",对相机视图进行渲染,此时效果如图9-49所示。

图9-49

⭐24 下面制作建筑内部的窗帘材质。按M键打开"材质编辑器"对话框,选择一个空白材质球,将材质设置为 ⬤VRayMtl 材质,将材质命名为"窗帘",单击Diffuse右侧的贴图按钮,在弹出的"材质/贴图浏览器"对话框中选择Falloff(衰减)贴图,参数设置如图9-50

所示。

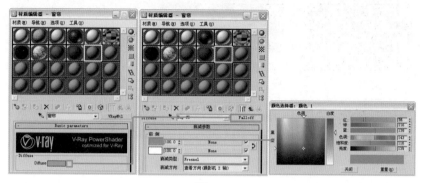

图9-50

★ 25 将材质指定给物体"窗帘"，对相机视图进行渲染，此时效果如图9-51所示。

图9-51

★ 26 下面制作建筑左侧的红色墙体材质。按M键打开"材质编辑器"对话框，选择一个空白材质球，将材质设置为 ● VRayMtl 材质，将材质命名为"红墙"，参数设置如图9-52所示。将材质指定给物体"红墙"。

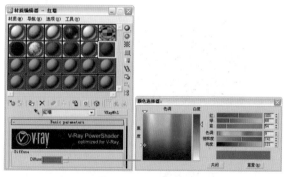

图9-52

★ 27 下面制作路面的材质。按M键打开"材质编辑器"对话框，选择一个空白材质球，将材质设置为 ● VRayMtl 材质，将材质命名为"路面"，单击Diffuse右侧的贴图按钮，在弹出的"材质/贴图浏览器"对话框中选择Falloff(衰减)贴图，参数设置如图9-53所示。

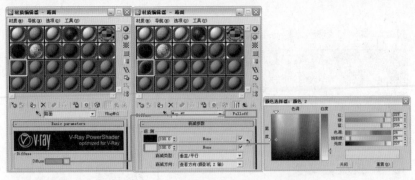

图9-53

★28 在衰减贴图层级，单击第一个NONE贴图按钮，在弹出的"材质/贴图浏览器"对话框中选择Bitmap(位图)贴图，参数设置如图9-54所示。贴图文件为本书所附光盘中提供的"实例\第9章\建筑外观表现\材质\Alumox.jpg"文件。

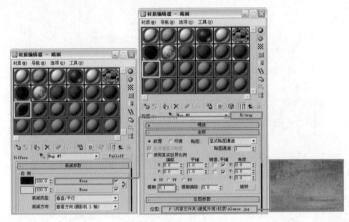

图9-54

★29 返回"衰减"贴图层级，将第一个贴图按钮拖动到第二个NONE贴图按钮上，并选择"实例"进行关联复制，如图9-55所示。

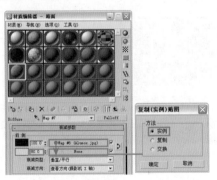

图9-55

★30 将材质指定给物体"大地面"，对相机视图进行渲染，此时效果如图9-56所示。

图9-56

★31 下面制作场景中的铁栏杆材质。按M键打开"材质编辑器"对话框，选择一个空白材质球，将材质设置为 VRayMtl 材质，将材质命名为"铁栏杆"，参数设置如图9-57所示。将材质指定给物体"铁部件"。

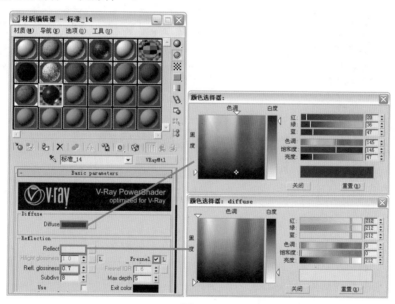

图9-57

★32 下面制作场景中的人行道材质。按M键打开"材质编辑器"对话框，选择一个空白材质球，将材质设置为 VRayMtl 材质，将材质命名为"人行道"，单击Diffuse右侧的贴图按钮，在弹出的"材质/贴图浏览器"对话框中选择Bitmap(位图)贴图，参数设置如图9-58所示。贴图文件为本书所附光盘中提供的"实例\第9章\建筑外观表现\材质\road2.jpg"文件。

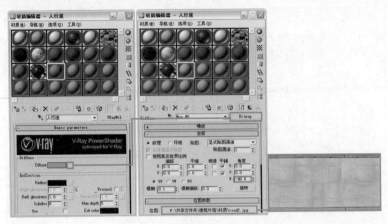

图9-58

⭐ 33 返回 **VRayMtl** 材质层级，进入Maps卷展栏，将Diffuse右侧的贴图按钮拖动到Bump贴图按钮上，并以"实例"方式进行关联复制，参数设置如图9-59所示。

⭐ 34 将材质指定给物体"人行道"，因"人行道"材质颜色较深，为了避免出现色溢现象，将其设置为 **VRayMtlWrapper** 材质，参数设置如图9-60所示。

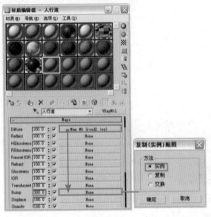

图9-59

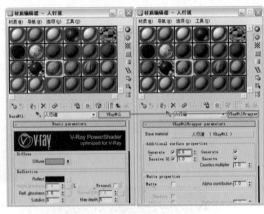

图9-60

⭐ 35 对相机视图进行渲染，此时效果如图9-61所示。

图9-61

★36 下面制作建筑旁工地的木材质。按M键打开"材质编辑器"对话框,选择一个空白材质球,将材质设置为 ⚪VRayMtl 材质,将材质命名为"木头",单击Diffuse右侧的贴图按钮,在弹出的"材质/贴图浏览器"对话框中选择Bitmap(位图)贴图,参数设置如图9-62所示。将材质指定给物体"工地木柱",贴图文件为本书所附光盘中提供的"实例\第9章\建筑外观表现\材质\Arch37_086_wood.jpg"文件。

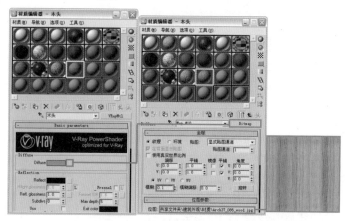

图9-62

★37 下面制作场景中的木墙材质。按M键打开"材质编辑器"对话框,选择一个空白材质球,将材质设置为 ⚪VRayMtl 材质,将材质命名为"木纹",单击Diffuse右侧的贴图按钮,在弹出的"材质/贴图浏览器"对话框中选择Bitmap(位图)贴图,参数设置如图9-63所示。贴图文件为本书所附光盘中提供的"实例\第9章\建筑外观表现\材质\board13.jpg"文件。

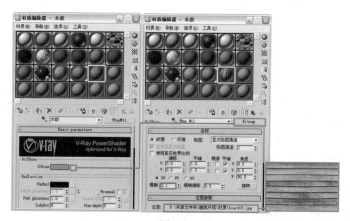

图9-63

★38 返回 VRayMtl 材质层级,进入Maps卷展栏,将Diffuse右侧的贴图按钮拖动到Bump贴图按钮上,并以"实例"方式进行关联复制,参数设置如图9-64所示。

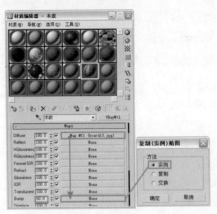

图9-64

39 将材质指定给物体"工地木墙"，对相机视图进行渲染，此时效果如图9-65所示。

图9-65

40 下面制作场景中的水泥隔离带材质。按M键打开"材质编辑器"对话框，选择一个空白材质球，将材质设置为 **VRayMtl** 材质，将材质命名为"水泥隔离带"，单击Diffuse右侧的贴图按钮，在弹出的"材质/贴图浏览器"对话框中选择Bitmap(位图)贴图，参数设置如图9-66所示。贴图文件为本书所附光盘中提供的"实例\第9章\建筑外观表现\材质\水泥墩.jpg"文件。

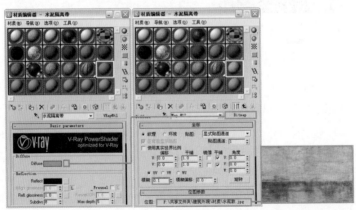

图9-66

41 将材质指定给物体"水泥隔离带"，对相机视图进行渲染，此时效果如图9-67所示。

图9-67

42 下面制作建筑的屋檐部分材质。按M键打开"材质编辑器"对话框，选择一个空白材质球，将材质设置为 **VRayMtl** 材质，将材质命名为"屋檐"，单击Diffuse右侧的贴图按钮，在弹出的"材质/贴图浏览器"对话框中选择Bitmap(位图)贴图，参数设置如图9-68所示。贴图文件为本书所附光盘中提供的"实例\第9章\建筑外观表现\材质\italy021.jpg"文件。

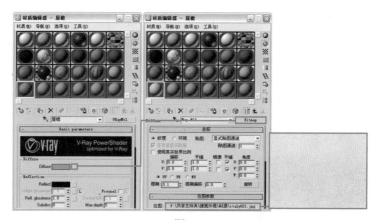

图9-68

43 返回 **VRayMtl** 材质层级，进入Maps卷展栏，将Diffuse右侧的贴图按钮拖动到Bump贴图按钮上，并以"实例"方式进行关联复制，参数设置如图9-69所示。将材质指定给物体"屋檐"。

44 下面制作建筑的护墙材质。按M键打开"材质编辑器"对话框，选择一个空白材质球，将材质设置为 **VRayMtl** 材质，将材质命名为"护墙"，参数设置如图9-70所示。

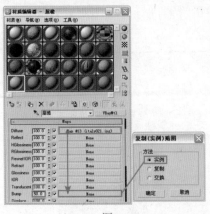
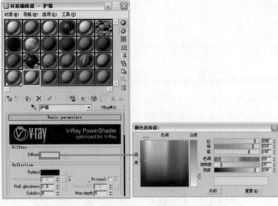

图9-69　　　　　　　　　　　　　　　　图9-70

45 进入Maps卷展栏，单击Bump右侧的NONE贴图按钮，在弹出的"材质/贴图浏览器"对话框中选择Bitmap(位图)贴图，参数设置如图9-71所示。贴图文件为本书所附光盘中提供的"实例\第9章\建筑外观表现\材质\1115910937.jpg"文件。

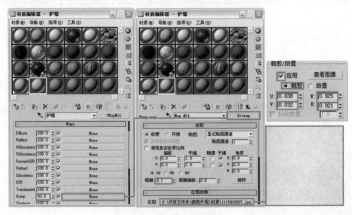

图9-71

46 将材质指定给物体"护墙"，对相机视图进行渲染，此时效果如图9-72所示。

图9-72

9.4　最终测试灯光效果

由于发光贴图和灯光贴图是在先前场景无材质状态下进行保存的，所以在所有材质都制作完成后还要重新对场景的灯光效果进行测试。

★1　按F10键进入"渲染场景"对话框，进入"渲染器"选项卡，在 **V-Ray:: Irradiance map** (发光贴图)卷展栏中设置参数，如图9-73所示。这样就取消了调用已经保存的发光贴图。

★2　用同样的方法取消调用保存的灯光贴图，如图9-74所示。

图 9-73　　　　　　　　　　　　　　　　　图9-74

★3　对相机视图进行渲染，此时效果如图9-75所示。

图9-75

★4　观察渲染结果，发现场景整体偏暗了，下面我们通过改变场景的曝光方式及参数来改善它。按F10键打开"渲染场景"对话框，进入"渲染器"选项卡，在 **V-Ray:: Color mapping** 卷展栏进行参数设置，如图9-76所示。

图9-76

★5　对相机视图进行渲染，此时效果如图9-77所示。

图9-77

提示：观察渲染结果，发现图像不但被提亮了，而且颜色也更加真实了。

9.5 最终渲染设置

⭐ 1 提高灯光细分值。将所有的"目标平行光"的灯光细分值提高到32，如图9-78所示。

⭐ 2 按F10键打开"渲染场景"对话框，在"渲染器"选项卡中的 V-Ray:: Irradiance map (发光贴图)卷展栏中设置参数，然后设置重新对发光贴图进行保存，方法在前面已经介绍，此处不再赘述，如图9-79所示。

图9-78

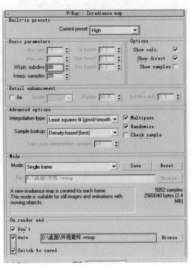

图9-79

⭐ 3 在 V-Ray:: Light cache (灯光缓存)卷展栏中设置参数，同样对灯光贴图重新进行保存，如图9-80所示。

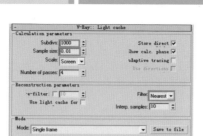

图9-80

4 接下来对相机视图进行渲染，此次渲染只是为了保存发光贴图和灯光贴图，所以没有必要设置抗锯齿参数，渲染结束后，新的发光贴图和灯光贴图就会自动保存到设置好的路径下，再次渲染时VRay渲染器就会自动调用已经保存好的文件。最后将"公用"选项卡中的输出大小调大，这样做会比直接渲染大图节省不少时间，如图9-81所示。

5 最后设置抗锯齿参数。在"渲染器"选项卡中的 `V-Ray:: Image sampler (Antialiasing)` 卷展栏中设置参数，如图9-82所示。

图9-81

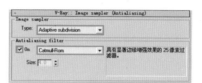

图9-82

6 对相机视图进行渲染，将渲染结果保存为TGA格式，最终效果如图9-83所示。

图9-83

7 接下来还要渲染一张通道文件，这个文件没有必要使用VRay渲染器渲染。按F10键打开"渲染场景"对话框，进入"公用"选项卡，在"指定渲染器"卷展栏中将渲染器设置为"默认线扫描渲染器",如图9-84所示。

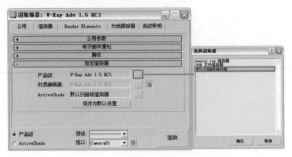

图9-84

⭐ **8** 然后将场景中的灯光全部关闭或者直接删除,将场景中的建筑部分选中,然后将其成组为"主体",如图9-85所示。

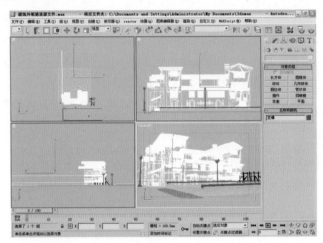

图9-85

⭐ **9** 按M键打开"材质编辑器"对话框,然后选择一个空白材质球,将材质命名为"主体",将其自发光设置为100,Diffuse颜色设置为一种纯色,如图9-86所示。

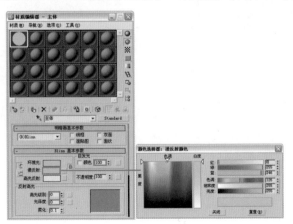

图9-86

⭐ **10** 将材质指定给物体"主体",对相机视图进行渲染,此时效果如图9-87所示。

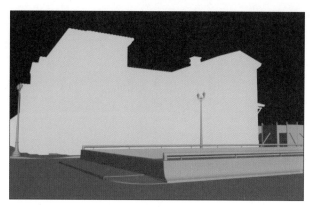

图9-87

11 按M键打开"材质编辑器"对话框，选择一个空白材质球，将材质命名为"路面"，参数设置如图9-88所示。

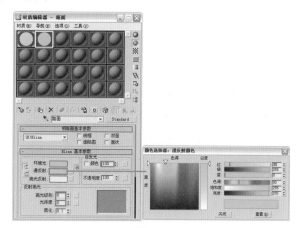

图9-88

12 将材质指定给物体"大地面"，对相机视图进行渲染，此时效果如图9-89所示。

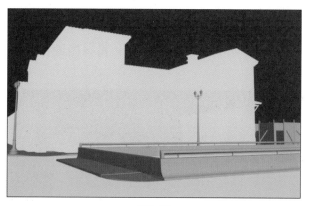

图9-89

13 选择物体"水泥隔离带"和"铁部件"，将其成组为"水泥隔离带"，如图9-90所示。

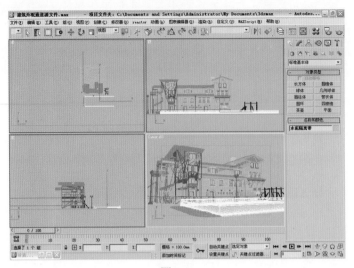

图9-90

⭐ 14 按M键打开"材质编辑器"对话框，选择一个空白材质球，将材质命名为"水泥隔离带"，参数设置如图9-91所示。

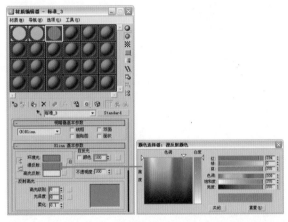

图9-91

⭐ 15 将材质指定给物体"水泥隔离带"，对相机视图进行渲染，此时效果如图9-92所示。

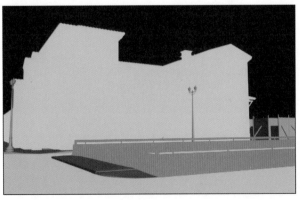

图9-92

16 选择物体"工地木柱"及"工地木墙",将其成组为"工地",如图9-93所示。

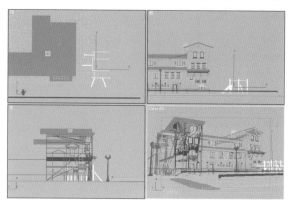

图9-93

17 按M键打开"材质编辑器"对话框,选择一个空白材质球,将材质命名为"工地",参数设置如图9-94所示。将材质指定给物体"工地"。

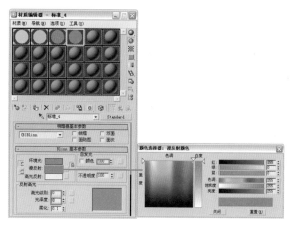

图9-94

18 选择物体"人行道",然后按M键打开"材质编辑器"对话框,选择一个空白材质球,将材质命名为"人行道",参数设置如图9-95所示。将材质指定给物体"人行道"。

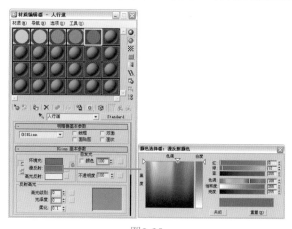

图9-95

⭐ 19 选择物体"路灯"，按M键打开"材质编辑器"对话框，选择一个空白材质球，将材质命名为"路灯"，参数设置如图9-96所示。

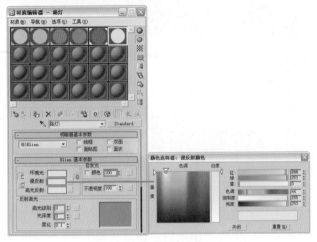

图9-96

⭐ 20 将材质指定给物体"路灯"，对相机视图进行渲染，通道图最终效果如图9-97所示。

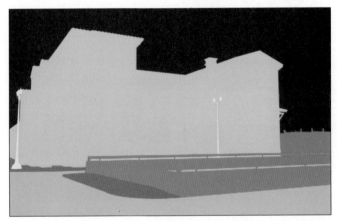

图9-97

提示：颜色方面读者可以自己决定，但相邻颜色之间色差要大些。

9.6 后期处理

⭐ 1 启动Photoshop CS3，然后在Photoshop中打开先前渲染出来的效果文件及通道文件，如图9-98所示。

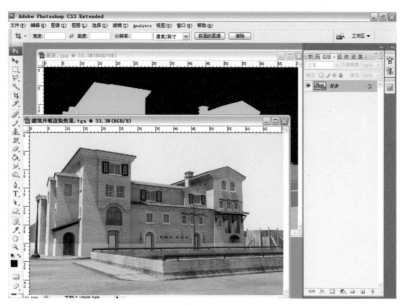

图9-98

2 从图中我们可以看到"建筑外观渲染效果"是我们渲染的效果文件，"通道"是我们渲染的通道文件。首先我们在效果文件上进行操作，按M键或者在"工具"面板中选择"矩形框选工具"，在图像上单击鼠标右键，在弹出的菜单中选择"载入选区"选项，如图9-99所示。

图9-99

3 经过上面的操作后，可以看到图像中的建筑部分被单独选中了，按Ctrl+J键(通过复制的图层)将选区部分新建到一个图层中，这样就将建筑部分从图像中分离出来了，如图9-100所示。

图9-100

4 下面先为图像整体添加一个比较真实的天空背景，打开素材文件，将其拖动到图层"背景"与"图层1"之间，并将其图层命名为"背景天空"，缩放其大小，如图9-101所示。素材文件为本书所附光盘中提供的"实例\第9章\建筑外观表现\PS素材\天空.psd"文件。

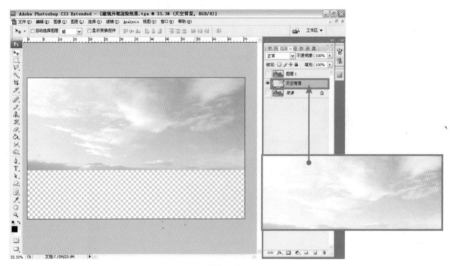

图9-101

5 然后切换到"通道"面板，按住Ctrl+Shift键将"通道"面板的"背景"图层拖动到"建筑外观渲染效果"文件中，将其拖动到"图层1"上面，将其图层命名为"通道"，如图9-102所示。

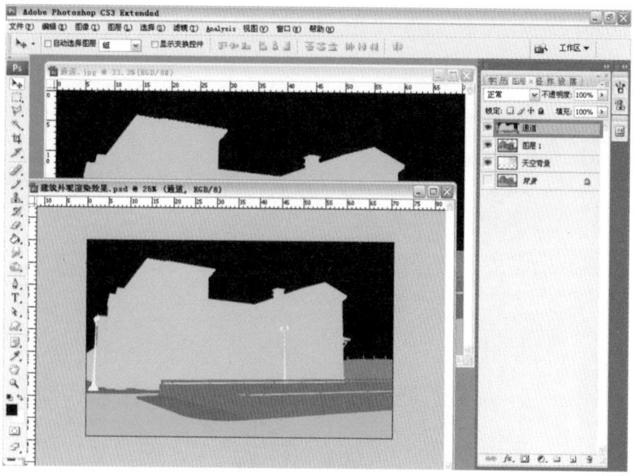

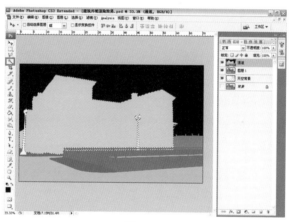

图9-102

★ 6 下面通过"通道"图层将建筑的主体及各个部分分离出来并放在一个新层中。选择"通道"图层，在图像上按W键或者在工具面板上单击"魔棒工具"按钮，在"通道"图层上选择其中一种颜色，比如选择建筑主体部分的颜色，如图9-103所示。

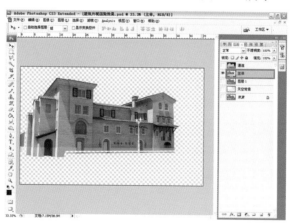

图9-103

★ 7 然后选择前面从"背景"图层中分离出来的"图层1"图层，按Ctrl+J键将建筑主体部分分离出来，将分离出来的图层命名为"主体"，如图9-104所示。

图9-104

8 利用同样的方法将"图层1"的其他部分分别分离出来，图层名称可以和MAX中设置的材质名相同，如图9-105所示。

图9-105

9 下面对场景的各个部分进行调整。首先选择"主体"图层，主体部分还是需要被提亮一些，单击菜单栏中的"图像"按钮，在弹出的下拉菜单中选择"调整"，然后选择"亮度/对比度"，参数设置如图9-106所示。

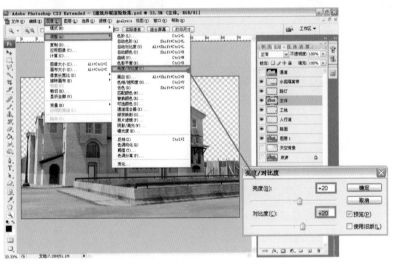

图9-106

10 然后按Ctrl+U键打开"色相/饱和度"对话框，降低主体部分的饱和度，如图9-107所示。

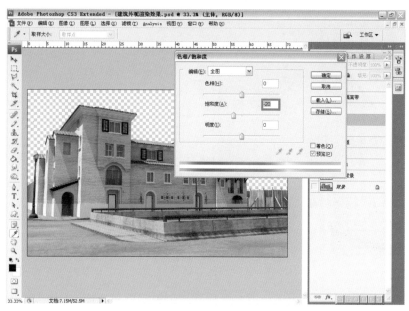

图9-107

★ 11 主体部分的左边有个窗口，利用多边形框选工具将其选择出来，如图9-108所示。

图9-108

★ 12 然后，单击Ctrl+J键将其分离出来，将分离出来的图层命名为"窗口"，将其调整得偏暗一些。在图层面板中的"窗口"图层上单击鼠标右键，在弹出的下拉菜单中选择"混合选项"，在弹出的"图层样式"对话框中选择"内阴影"，参数设置如图9-109所示。

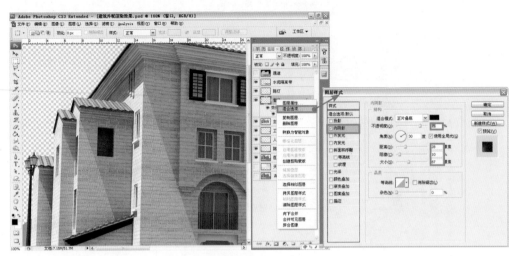

图9-109

13 对其他分离出的部分也进行适当的提亮，调整后效果如图9-110所示。

图9-110

14 下面为场景添加一个事先制作好的路面，打开本书所附光盘中提供的"路面.psd"文件，将其拖动到"路面"图层的上方，并将其命名为"马路"，调整它的位置，如图9-111所示。

图9-111

⭐ 15　通过上面的调整，场景部分的整体调整基本结束，下面为画面添加一些配景。首先添加建筑右侧的配景，主要添加一些树木之类的植物。打开本书所附光盘中提供的"实例\第9章\建筑外观表现\PS素材\树1.psd"文件，将其拖动到"马路"图层下方，将其命名为"树1"，缩放其大小，然后适当地调整它的亮度和对比度，让其适应整个场景，如图9-112所示。

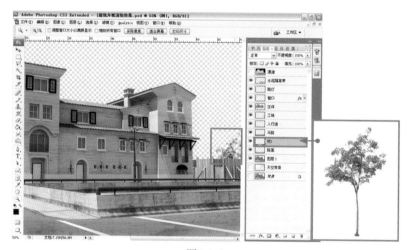

图9-112

⭐ 16　继续添加配景树，打开本书所附光盘中提供的"树6.psd"文件，将其拖动到"树1"图层的上方，将其图层命名为"树2"，调整其大小，调整它的亮度和对比度以适应场景，如图9-113所示。

图9-113

★17 打开本书所附光盘中提供的"树2.psd"文件，将其拖动到"工地"图层上面，命名图层为"树3"，缩放其大小，然后用多边形框选工具沿着工地部分画出如图9-114所示选区。

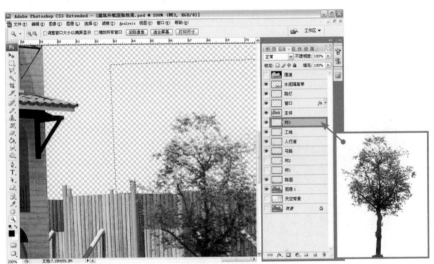

图9-114

★18 然后按Ctrl+Shift+I键执行反选操作，再按Delete键删除，剩下的部分如图9-115所示。

★19 继续添加建筑背后的配景树。打开本书所附光盘中提供的"实例\第9章\建筑外观表现\PS素材\树2.psd"文件，将其拖动到"马路"图层下面，将图层命名为"树4"，缩放其大小，适当地修改它的亮度及对比度，如图9-116所示。

图9-115

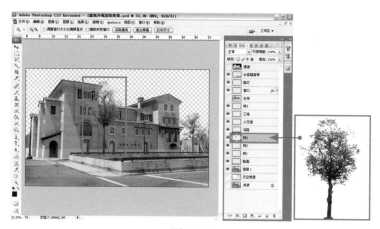

图9-116

20 打开本书所附光盘中提供的"实例\第9章\建筑外观表现\PS素材\树3.psd"文件，将其拖动到"马路"图层下方，命名图层为"树5"，缩放其大小，适当修改它的亮度及对比度，如图9-117所示。

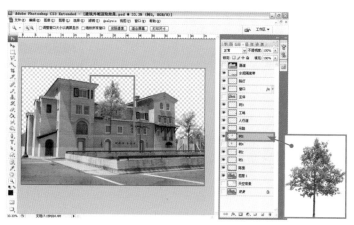

图9-117

⭐ **21** 打开本书所附光盘中提供的"实例\第9章\建筑外观表现\PS素材\树4.psd"文件，将其拖动到"工地"图层上方，缩放其大小，调整它的亮度及对比度，大小及位置如图9-118所示。

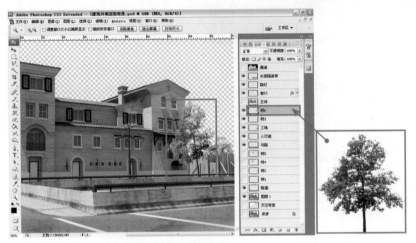

图9-118

⭐ **22** 打开本书所附光盘中提供的"实例\第9章\建筑外观表现\PS素材\其他植物.psd"文件，将其中左上角的植物拖动到"主体"图层上方，将其命名为"植物1"，位置及大小如图9-119所示。

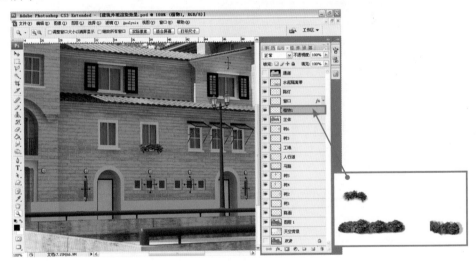

图9-119

⭐ **23** 在图层面板中，按住Ctrl键的同时用鼠标左键单击"植物1"图层，然后会看到植物被框选中，然后新建一个图层，将其拖动到"植物1"图层下面，命名其为"植物1阴影"，然后用填充工具使用黑色将选区填充，如图9-120所示。

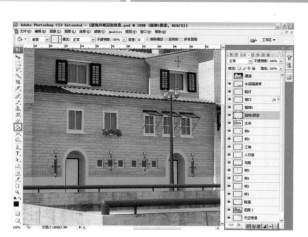

图9-120

24 按Ctrl+D键取消选区，然后使用移动工具，将阴影移动到植物的下方，使用模糊工具将阴影的边缘弄得模糊一些，最后将阴影图层的不透明度设置为44%，如图9-121所示。

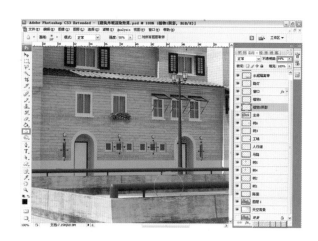

图9-121

25 将植物图层与其阴影图层链接在一起，复制它们，将它们摆放到旁边的一个窗口上，如图9-122所示。

图9-122

26 利用同样的方法，在建筑物的左侧添加一些植物，如图9-123所示。素材文件为本书所附光盘中提供的"实例\第9章\建筑外观表现\PS素材\其他植物.psd"文件。

图9-123

27 为了让画面更加丰富，下面在建筑物前添加一些配景树。打开本书所附光盘中提供的"实例\第9章\建筑外观表现\PS素材\树3.psd"文件，将其拖动到"主体"图层上面，命名图层为"树7"，缩放大小并调整其亮度和对比度，如图9-124所示。

图9-124

28 继续添加建筑前的配景。打开本书所附光盘中提供的"实例\第9章\建筑外观表现\PS素材\树5.psd"文件，将其拖动到"树7"图层的上面，将其图层命名为"树8"缩放其大小，位置如图9-125所示。

图9-125

29 继续添加配景。打开本书所附光盘中提供的"实例\第9章\建筑外观表现\PS素材\树4.psd"文件，将其拖动到"树8"图层上面，缩放其大小，调整它的位置，然后利用上面为植物添加阴影的方法为它添加阴影，如图9-126所示。

图9-126

30 下面为隔离带中间添加一些植物。打开本书所附光盘中提供的"实例\第9章\建筑外观表现\PS素材\灌木丛.psd"文件，将其拖动到"水泥隔离带"图层的上面，将图层命名为"植物4"缩放其大小，然后利用多边形框选工具，将没用的部分框选并删除，然后调整它的亮度及对比度，如图9-127所示。

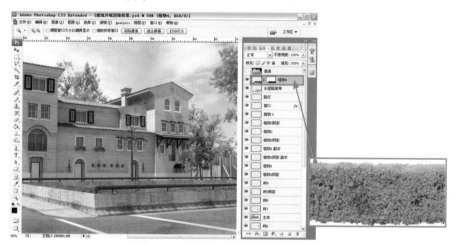

图9-127

31 在隔离带上添加一个路牌。打开本书所附光盘中提供的"实例\第9章\建筑外观表现\PS素材\标志牌.psd"文件，将其拖动到"水泥隔离带"图层上面，命名图层为"标志"，对其进行缩放变形，调整它的亮度及对比度，然后通过调整它的图层样式中的投影选项使其有些阴影效果，如图9-128所示。

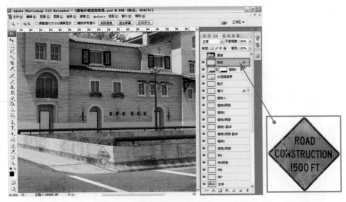

图9-128

⭐ **32** 为了让画面更加生动，为画面添加一些人做配景。打开本书所附光盘中提供的"实例\第9章\建筑外观表现\PS素材\人.psd"文件，将其拖动到"水泥隔离带"图层下面，将图层命名为"人"，缩放其大小，利用上面介绍过的方法为其添加阴影，如图9-129所示。

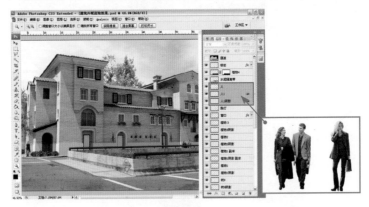

图9-129

⭐ **33** 对文件进行存储，然后再另存成一个JPG格式的副本文件，打开保存的副本文件，下面的操作都会在副本文件上进行，如图9-130所示。

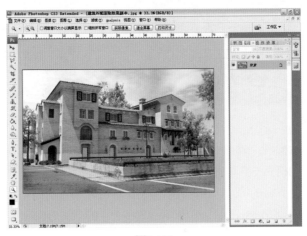

图9-130

34 将"背景"图层复制出一个副本图层,然后执行"滤镜|模糊|高斯模糊"命令,参数设置如图9-131所示。

图9-131

35 将副本图层的混合模式更改为"柔光",图层不透明度设置为25%,如图9-132所示。

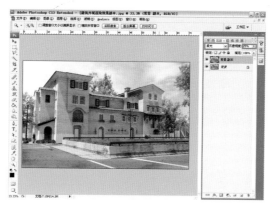

图9-132

36 下面将图层合并为一个图层,然后执行"滤镜|锐化|USM锐化"命令,参数设置如图9-133所示。

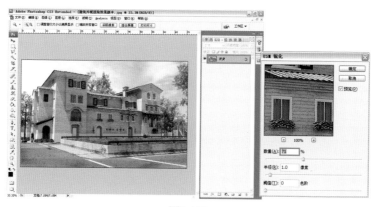

图9-133

37 经过上述操作后，建筑外观的最终效果如图9-134所示。

图9-134

第 章　工业设计及包装表现

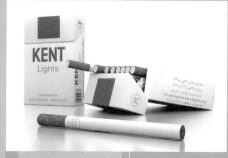

本节中我们将讲解一个摄像头场景的完整表现过程，如图10-1所示为该场景的模型边线效果，如图10-2所示为最终渲染效果。

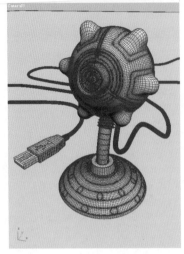

图 10-1　　　　　　　　　　　　　图10-2

主要灯光类型：泛光灯、**VRayLight**

主要材质类型：塑料、金属

技术要点：主要掌握塑料材质的制作方法及工业造型的布光方法

如图10-3所示为摄像头场景的简要制作流程。

环境光照明效果　　　　　　布光后效果　　　　　　最终渲染效果

图10-3

10.1.1　测试渲染参数设置

★ 1　打开本书所附光盘提供的"实例\第10章\摄像头\摄像头源文件.max"场景文件，这是一个精致摄像头的场景文件，场景中相机角度及参数已经设置好，如图10-4所示。

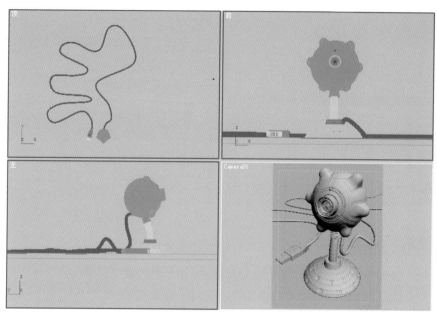

图10-4

2　在前期测试渲染阶段为了降低渲染时间，首先设置低质量的渲染参数，按F10键打开"渲染场景"对话框，我们已经事先选择了VRay渲染器，进入"渲染器"选项卡，在 **V-Ray:: Global switches** (全局参数)卷展栏下设置全局参数，如图10-5所示。

3　在 **V-Ray:: Image sampler (Antialiasing)** (抗锯齿采样)卷展栏中设置参数，如图10-6所示。

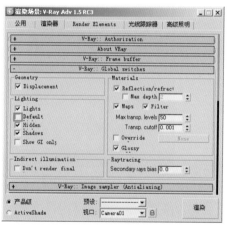

图 10-5

图10-6

4　在 **V-Ray:: Indirect illumination (GI)** (间接照明)卷展栏下设置参数，如图10-7所示。勾选卷展栏中的On复选框后，该卷展栏中的参数将全部可用(未勾选前呈灰色显示)。

5　在 **V-Ray:: Irradiance map** (发光贴图)卷展栏中设置参数，如图10-8所示。

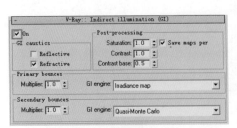

图 10-7　　　　　　　　　　　　　　　　图10-8

6　在 **V-Ray:: Environment** (环境)卷展栏中设置参数，如图10-9所示。

图10-9

7　在 **V-Ray:: Color mapping** 卷展栏中进行设置，如图10-10所示。

8　对相机视图进行渲染，效果如图10-11所示。

图10-10　　　　　　　　　　　　　　图10-11

10.1.2　灯光布置

1　在上面的设置中，场景已经有了基本的天光照明，但画面明显很暗，所以需要为场景添加灯光。进入创建命令面板，单击灯光按钮，在下拉菜单中选择VRay类型，单击 **VRayLight** 按钮，在前视图中创建一盏VRayLight，设置其参数，在视图中调整它的位置，如图10-12所示。

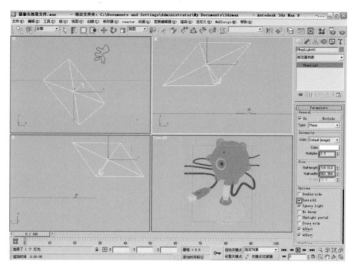

图10-12

⭐ 2 对相机视图进行渲染，效果如图10-13所示。

图10-13

⭐ 3 继续添加灯光。选择标准类型中的泛光灯，在场景中创建一盏泛光灯，打开它的衰减设置，设置其参数，在视图中调整它的位置，如图10-14所示。

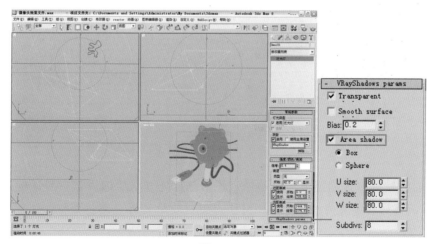

图10-14

4 对相机视图进行渲染，效果如图10-15所示。

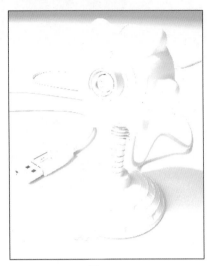

图10-15

提示：由于场景中物体材质均为白色所以渲染效果曝光很严重，当场景材质全部赋予完毕后，该问题就可以解决了。

10.1.3 摄像头场景材质表现

1 首先制作桌面材质。按M键打开"材质编辑器"对话框，选择一个空白材质球，单击 Standard 按钮，在弹出的"材质/贴图浏览器"对话框中选择 VRayMtl 材质类型，将材质命名为"桌面"，参数设置如图10-16所示。

2 将材质指定给物体"桌面"，对摄像机视图进行渲染，效果如图10-17所示。

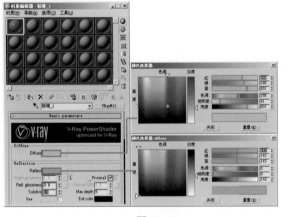

图10-16

图10-17

3 下面开始制作数据连接线的材质，按M键打开"材质编辑器"对话框，选择一个空白材质球，将材质设置为 VRayMtl 材质，将材质命名为"黑色塑料"，参数设置如图10-18所示。

★ 4 将材质指定给物体"线"，物体"接头黑色"、"头部黑色"、"黑色软管"材质与"线"相同，将"黑色塑料"材质分别指定给它们，对摄像机视图进行渲染，效果如图10-19所示。

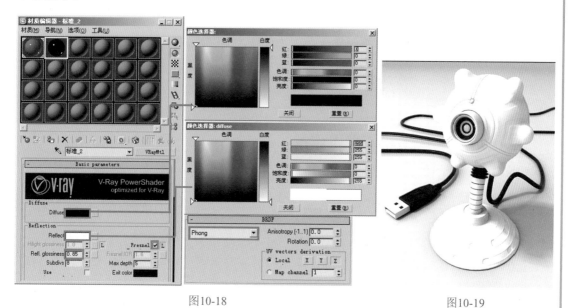

图10-18   图10-19

★ 5 下面来制作摄像头金属部分的材质，按M键打开"材质编辑器"对话框，选择一个空白材质球，将材质设置为 材质，将材质命名为"金属"，参数设置如图10-20所示。

★ 6 将材质指定给物体"接口金属"和"摄像头金属部分"，对摄像机视图进行渲染，效果如图10-21所示。

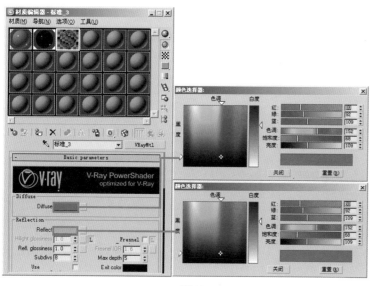

图10-20   图10-21

355

⭐ 7 下面制作白色塑料材质。按M键打开"材质编辑器"对话框，选择一个空白材质球，将材质设置为 ⚫VRayMtl 材质，将材质命名为"白色塑料"，参数设置如图10-22所示。将材质指定给物体"头部白色"。

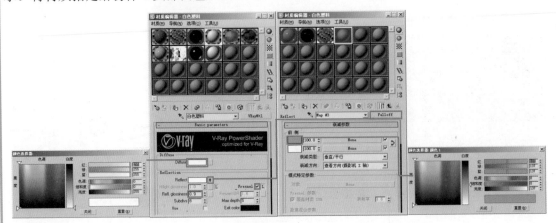

图10-22

⭐ 8 接下来制作镜头的材质。按M键打开"材质编辑器"对话框，选择一个空白材质球，将材质设置为 ⚫VRayMtl 材质，将材质命名为"镜头"，参数设置如图10-23所示。

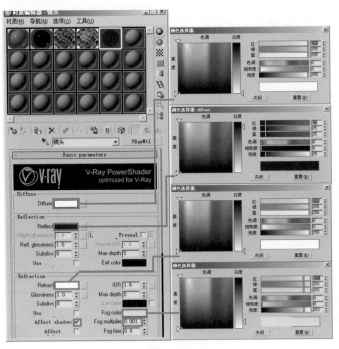

图10-23

⭐ 9 单击 按钮，将材质指定给物体"镜头"，对摄像机视图进行渲染，效果如图10-24所示。

图10-24

★ 10 下面开始制作底座的材质。按M键打开"材质编辑器"对话框，选择一个空白材质球，将材质设置为 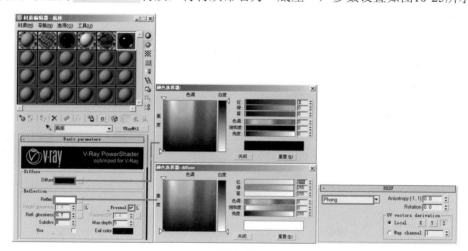 VRayMtl 材质，将材质命名为"底座"，参数设置如图10-25所示。

图10-25

★ 11 单击 按钮，将材质指定给物体"底座"，对摄像机视图进行渲染，效果如图10-26所示。

★ 12 下面制作USB接口里的白色材质部分。按M键打开"材质编辑器"对话框，选择一个空白材质球，将材质设置为 VRayMtl 材质，将材质命名为"接口白色"，参数设置如图10-27所示。单击 按钮，将材质指定给物体"接口白色"。

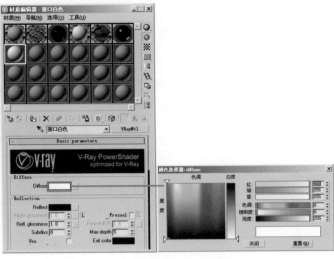

图10-26   图10-27

13 下面制作指示灯材质。按M键打开"材质编辑器"对话框，选择一个空白材质球，将材质设置为 ●**VRayMtl** 材质，将材质命名为"灯"，参数设置如图10-28所示。

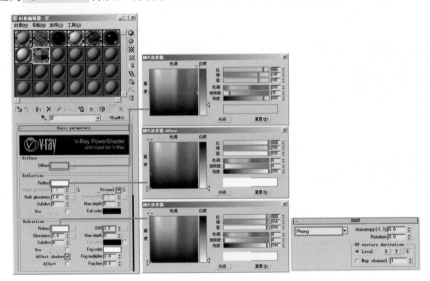

图10-28

14 单击Refract贴图按钮，在弹出的"材质/贴图浏览器"对话框中选择Falloff(衰减)贴图，在衰减贴图层级对材质进行设置，如图10-29所示。单击 按钮，将材质指定给物体"指示灯"。

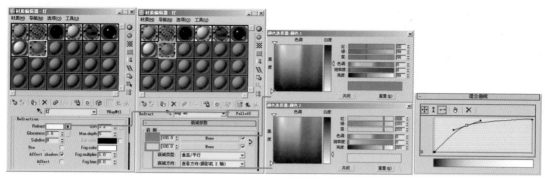

图10-29

⭐15 下面制作摄像头的头部材质。按M键打开"材质编辑器"对话框，选择一个空白材质球，将材质设置为 ⚫VRayMtl 材质，将材质命名为"绿色塑料"，参数设置如图10-30所示。

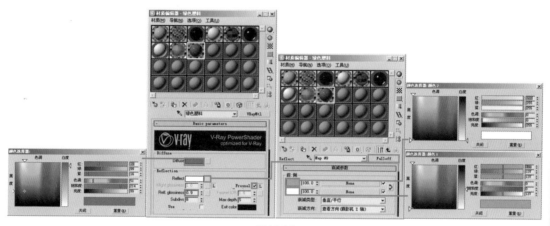

图10-30

⭐16 单击 按钮，将材质指定给物体"头部绿色"。摄像头的材质已经全部制作好。下面我们需要给整个场景增加一个环境贴图，按8键打开"环境和效果"对话框，单击环境贴图按钮，在弹出的"材质/贴图浏览器"对话框中选择 📁VRayHDRI 贴图，如图10-31所示。

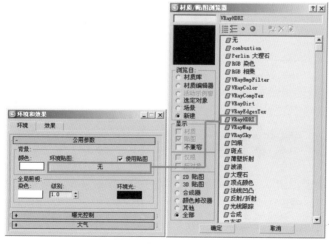

图10-31

⭐ 17 按M键打开"材质编辑器"对话框，拖动"环境和效果"对话框里的环境贴图按钮到"材质编辑器"中的一个空白材质球上，在弹出的"实例(副本)贴图"对话框中选择"实例"进行关联复制，然后单击 Browse 按钮，选择环境贴图文件，并对其参数进行设置，如图10-32所示。环境贴图文件为本书所附带光盘提供的"实例\第10章\摄像头\DH-302LB.hdr"文件。

⭐ 18 对摄像机视图进行渲染，效果如图10-33所示。

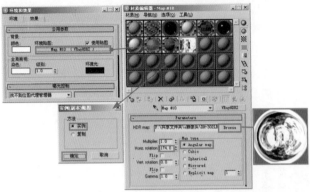

图10-32

图10-33

10.1.4 最终渲染设置

⭐ 1 场景内的材质制作完毕，下面来设置高质量的渲染参数。首先将场景内灯光的细分值提高，如图10-34所示。

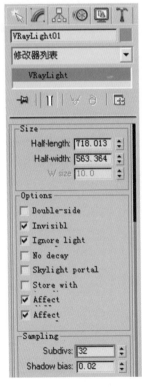

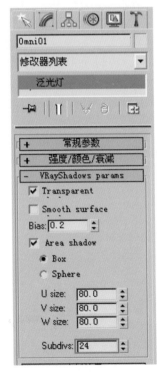

图10-34

2 设置"发光贴图"参数并保存发光贴图。按F10键打开"渲染场景"对话框，进入"渲染器"选项卡，在 **V-Ray:: Irradiance map** (发光贴图)卷展栏下On render end选项组中，勾选Don't delete和Auto save复选框，单击Auto save后面的 **Browse** 按钮，在弹出的Auto save irradiance map(自动保存发光贴图)对话框中输入要保存的.vrmap文件的名称及路径，然后勾选Switch to saved map复选框，渲染结束后，保存的发光贴图将自动转换到From file选项中，再次渲染时就不用再计算发光贴图了，渲染器会直接调用已经保存好的发光贴图文件，如图10-35所示。

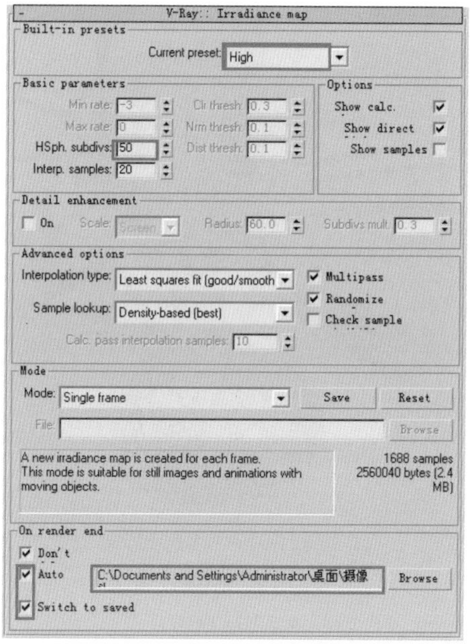

图10-35

3 在 **V-Ray:: rQMC Sampler** 卷展栏中设置参数，如图10-36所示。

4 在保存发光贴图的渲染设置中可以不调节抗锯齿参数，在渲染对话框的"公用"选项卡中设置图像的尺寸，如图10-37所示。

图10-36

图10-37

5 对相机视图进行渲染，此次渲染的目的是为了保存发光贴图，渲染结束后，发光贴图被自动保存到指定路径并会在下次渲染时被调用。然后进入"渲染场景"对话框的"公用"选项卡，设置较大的渲染图像尺寸，如图10-38所示。这样比直接渲染大尺寸图像节省了很多时间。

6 最后设置抗锯齿参数。进入"渲染器"选项卡，在 **V-Ray:: Image sampler (Antialiasing)** 卷展栏中设置参数，如图10-39所示。

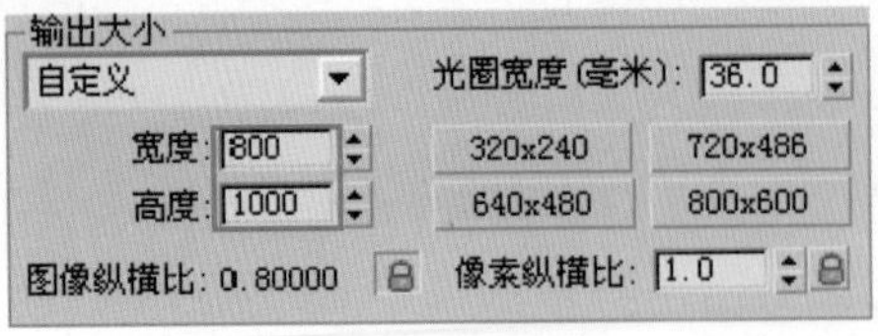

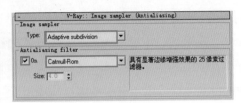

图10-38

图10-39

⭐ 7 对相机视图进行渲染，最终效果如图10-40所示。

图10-40

10.2 手机场景表现

本节中我们将讲解一个手机场景的完整表现过程，如图10-41所示为该场景的模型边线效果，如图10-42所示为最终渲染效果。

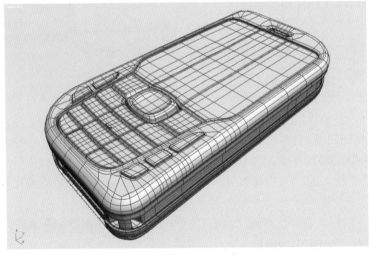

图10-41

图10-42

主要灯光类型：泛光灯、VRayLight

主要材质类型：金属、塑料、自发光材质

技术要点：主要掌握HDRI环境贴图的使用方法及自发光材质的制作方法

如图10-43所示为手机场景的简要制作流程。

环境光照明效果　　　　　　　　布光后效果　　　　　　　最终渲染效果

图10-43

10.2.1 测试渲染参数设置

★ 1 打开本书所附光盘提供的"实例\第10章\手机\手机源文件.max"场景文件，场景中相机参数已经设置好，如图10-44所示。

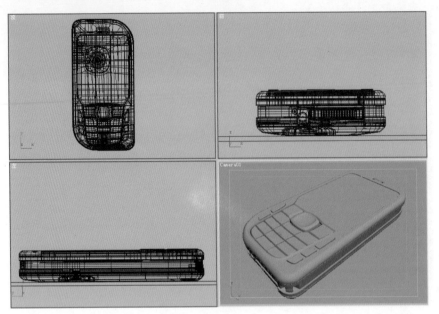

图10-44

2 在前期测试渲染阶段为了降低渲染时间，首先设置低质量的渲染参数。按F10键打开"渲染场景"对话框，我们已经事先选择了VRay渲染器。进入"渲染器"选项卡，在 **V-Ray:: Global switches** (全局参数)卷展栏下设置全局参数，如图10-45所示。

3 在 **V-Ray:: Image sampler (Antialiasing)** (抗锯齿采样)卷展栏中设置参数，如图10-46所示。

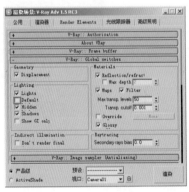

图10-45

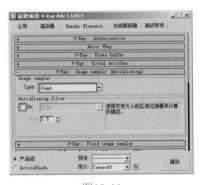

图10-46

4 在 **V-Ray:: Indirect illumination (GI)** (间接照明)卷展栏下设置参数，如图10-47所示。勾选卷展栏中的On复选框后，该卷展栏中的参数将全部可用(未勾选前呈灰色显示)。

5 在 **V-Ray:: Irradiance map** (发光贴图)卷展栏中设置参数，如图10-48所示。

图10-47

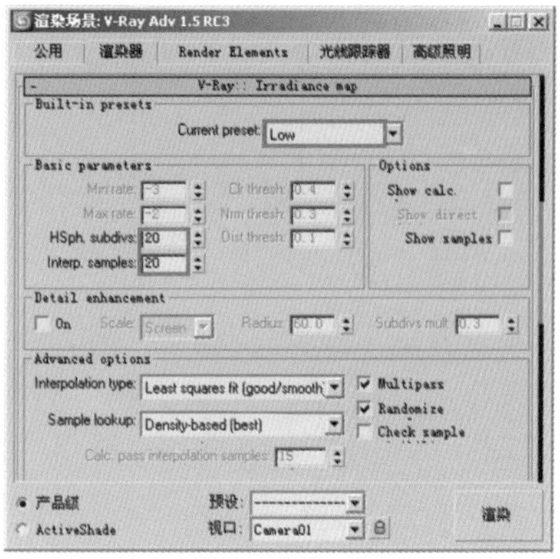

图10-48

6 在 **V-Ray:: Environment** (环境)卷展栏中设置参数，如图10-49所示。

图10-49

7 在 **V-Ray:: Color mapping** 卷展栏中进行设置，如图10-50所示。

8 对相机视图进行渲染，效果如图10-51所示。

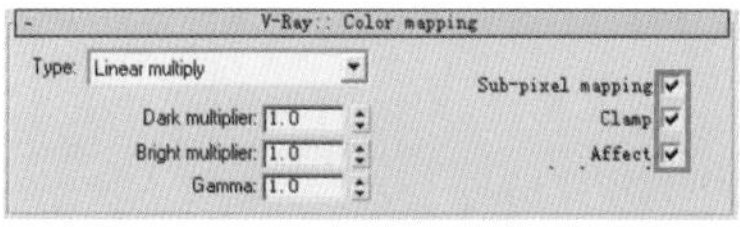

图10-50

图10-51

9 从渲染效果图中我们观察到，此时场景有些曝光了，我们可以通过调节 **V-Ray:: Indirect illumination (GI)** (间接照明)卷展栏下的二次反弹倍增器来控制曝光，如图10-52所示。此时渲染效果如图10-53所示。

图10-52   图10-53

10.2.2　灯光测试

⭐ **1** 虽然天光已经足够照亮这个场景，但细节还不够。下面为场景布置灯光。进入创建命令面板，单击 🔦 灯光按钮，在下拉菜单中选择VRay类型，单击 **VRayLight** 按钮，在前视图中创建一盏VRayLight，设置其参数，在视图中调整它的位置，如图10-54所示。

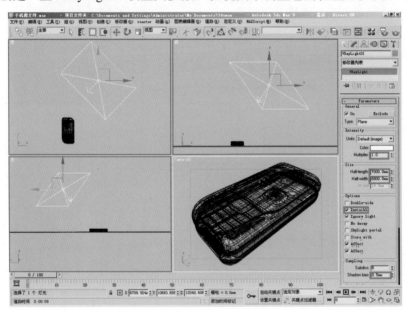

图10-54

⭐ **2** 在创建面板中，单击 🔦 灯光按钮，在下拉菜单中选择"标准"类型，单击"泛光灯"按钮，在视图中创建一盏泛光灯，设置其参数，在视图中调整它的位置，如图10-55所示。

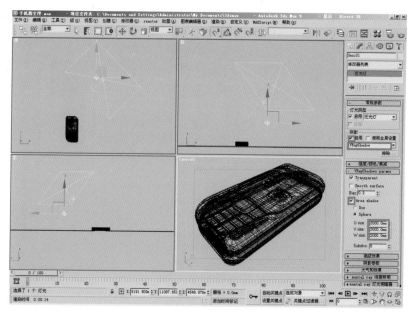

图10-55

⭐ 3 此时对相机视图进行渲染，效果如图10-56所示。

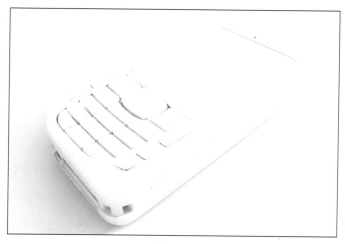

图10-56

⭐ 1 在材质制作过程中为了提高渲染速度，首先对发光贴图进行保存。按F10键打开"渲染场景"对话框，进入"渲染器"选项卡，在 V-Ray:: Irradiance map (发光贴图)卷展栏中设置参数，如图10-57所示。渲染结束后，发光贴图会被保存到指定路径并会在下次渲染时被调用。

⭐ 2 制作材质前首先为背景添加HDR环境贴图。按8键进入"环境和效果"对话框，单击背景后面的贴图按钮，在弹出的"材质/贴图浏览器"对话框中选择 VRayHDRI 贴图，如图10-58所示。

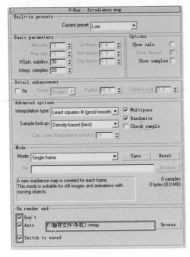

图10-57　　　　　　　　　　　　　　　　　　图10-58

⭐ **3** 　按M键打开"材质编辑器"对话框，拖动背景的贴图按钮到一个空白材质球上，以"实例"方式进行复制，将材质命名为"环境"，设置其参数，如图10-59所示。贴图文件为本书所附光盘中所提供的"实例\第10章\手机\材质\uffizi_probeOK.hdr"文件。

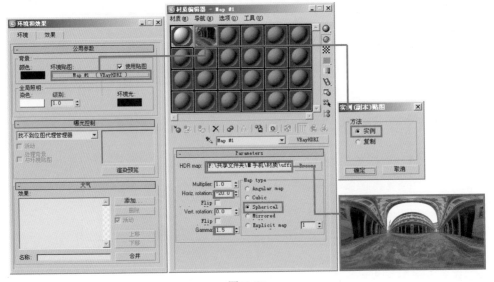

图10-59

⭐ **4** 　下面开始制作场景材质。首先制作"桌面"材质。按M键打开"材质编辑器"对话框，选择一个空白材质球，单击 **Standard** 按钮，在弹出的"材质/贴图浏览器"对话框中选择 🔴 **VRayMtl** 材质，将材质命名为"桌面"，参数设置如图10-60所示。

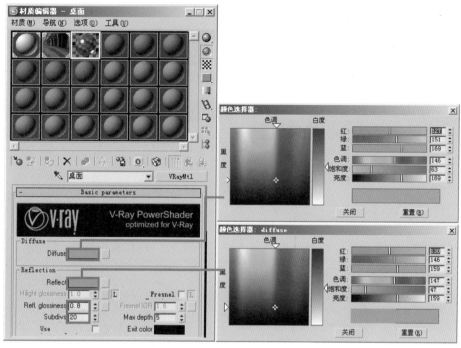

图10-60

⭐ 5 将材质指定给物体"桌面",对相机视图进行渲染,效果如图10-61所示。

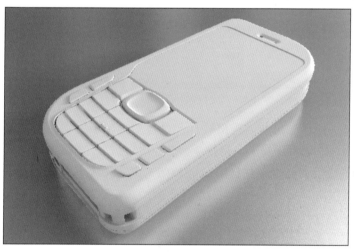

图10-61

⭐ 6 下面开始制作手机的材质,手机材质分为几个部分,首先制作"外壳"材质。按M键打开"材质编辑器"对话框,选择一个空白材质球,将材质类型设置为 ● VRayMtl 材质,将材质命名为"银色外壳",参数设置如图10-62所示。

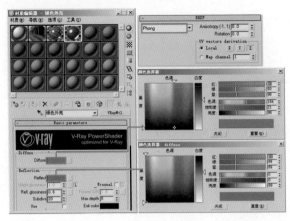

图10-62

★ 7 单击 ![按钮图标] 按钮，将材质指定给物体"银色外壳"，对相机视图进行渲染，效果如图10-63所示。

图10-63

★ 8 下面制作"键盘"材质。按M键打开"材质编辑器"对话框，选择一个空白材质球，将材质设置为 ![VRayMtl图标] VRayMtl 材质，将材质命名为"键盘"，单击Diffuse贴图按钮，在弹出的"材质/贴图浏览器"对话框中选择Bitmap(位图)贴图，参数设置如图10-64所示。贴图文件为本书所附光盘提供的"实例\第10章\手机\材质\键盘.jpg"文件。

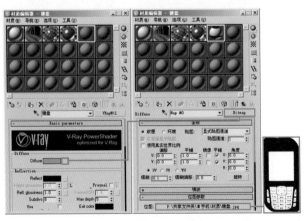

图10-64

★9 在场景中选择物体"键盘",进入 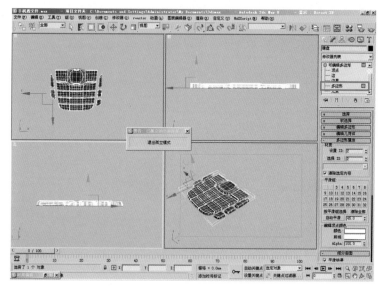 修改命令面板,进入它的 **多边形** 层级,选择物体"键盘"的底面,如图10-65所示。将"键盘"材质制定给所选物体。

图10-65

提示:此时进入"孤立模式"(Alt+Q)是为了便于读者观察。

★10 继续制作"键盘"透明部分的材质。按M键打开"材质编辑器"对话框,选择一个空白材质球,将材质设置为 ● **VRayMtl** 材质,将材质命名为"透明部分",参数设置如图10-66所示。

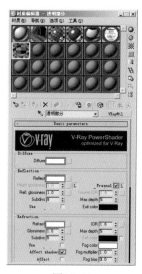

图10-66

★11 在场景中选择物体"键盘",进入它的 **多边形** 层级,选择物体"键盘"上面部分,然后单击 按钮,将"透明部分"材质指定给所选物体,如图10-67所示。

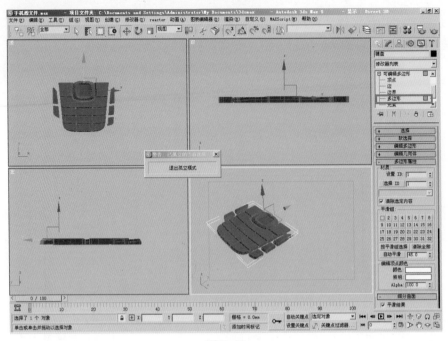

图10-67

⭐ 12 进入 🖌 修改命令面板，为物体"键盘"添加一个 UVW 贴图 修改器，参数设置如图

10-68所示。

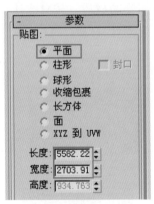

图10-68

⭐ 13 在场景中选择物体"屏幕表面"，将"透明部分"材质指定给物体"屏幕表面"。

⭐ 14 接下来制作"屏幕"材质。按M键打开"材质编辑器"对话框，单击 **Standard**

按钮，在弹出的"材质/贴图浏览器"对话框中选择 ⚫ **VRayLightMtl** 材质，将材质命名为"屏

幕"，参数设置如图10-69所示。

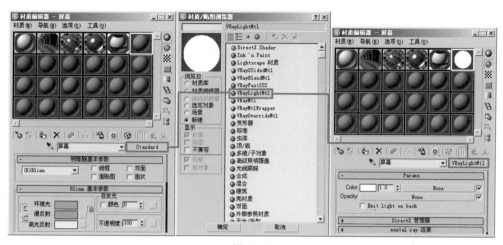

图10-69

提示：我们这里制作的是一个具有发光效果的屏幕，所以使用 ⬤VRayLightMtl 材质来
模拟它的发光特性。

★ 15 　单击Color后的NONE贴图按钮，在弹出的"材质/贴图浏览器"对话框中选择"位
图"贴图，参数设置如图10-70所示。贴图文件为本书所附光盘中提供的"实例\第10章\手机\
材质\屏幕图片.jpg"文件。

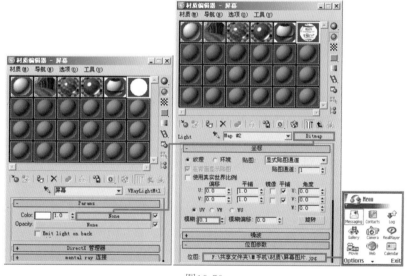

图10-70

★ 16 　为了保证屏幕贴图的细节不会因为发光强度增加而丢失，我们为其添加一个
⬤VRayMtlWrapper(VRay材质包裹)。单击 VRayLightMtl 按钮，在弹出的"材质/贴图浏览器"
对话框中选择 ⬤VRayMtlWrapper 材质，在弹出的"替换材质"对话框中选择"将旧材质保
存为子材质"选项，参数设置如图10-71所示。然后单击 🔲 按钮，将材质指定给物体
"屏幕"。

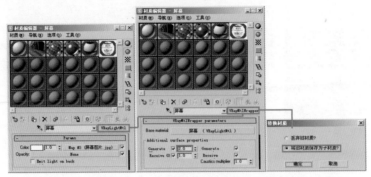

图10-71

⭐ 17 此时对相机视图进行渲染，效果如图10-72所示。

图10-72

⭐ 18 下面制作"屏幕边框"材质。按M键打开"材质编辑器"对话框，选择一个空白材质球，将材质设置为 🔘 VRayMtl 材质，将材质命名为"屏幕边框"，单击Diffuse贴图按钮，在弹出的"材质/贴图浏览器"对话框中选择Bitmap(位图)贴图，参数设置如图10-73所示。贴图文件为本书所附光盘中提供的"实例\第10章\手机\材质\1212nokia6670.jpg"文件。

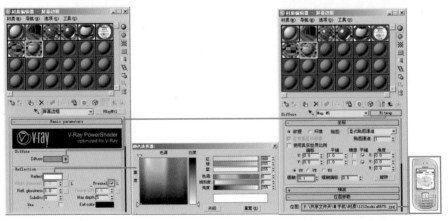

图10-73

19　单击 按钮，将材质指定给物体"屏幕边框"，进入 修改命令面板，为物体"屏幕边框"添加 UVW 贴图 修改器，参数设置如图10-74所示。

20　单击 按钮，将材质指定给物体"屏幕边框"，对相机视图进行渲染，效果如图10-75所示。

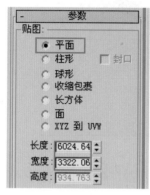

图10-74　　　　　　　　　　　　　　　图10-75

21　下面制作"侧面封边"材质。按M键打开"材质编辑器"对话框，选择一个空白材质球，将材质设置为 VRayMtl 材质，将材质命名为"侧框"，参数设置如图10-76所示。

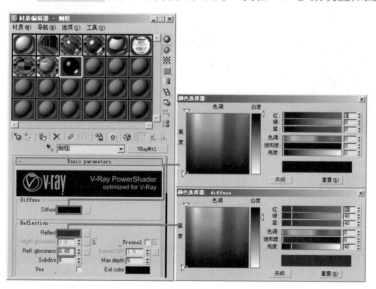

图10-76

22　将材质指定给物体"侧面封边"，渲染效果如图10-77所示。

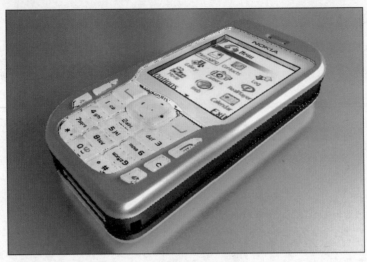

图10-77

★ 23 下面制作"壳背面"材质。按M键打开"材质编辑器"对话框，选择一个空白材质球，将材质设置为 ◎VRayMtl 材质，将材质命名为"背面壳"，单击Diffuse贴图按钮，在弹出的"材质/贴图浏览器"对话框中选择Bitmap(位图)贴图，参数设置如图10-78所示。贴图文件为本书所附光盘中提供的"实例\第10章\手机\材质\手机底.jpg"文件。

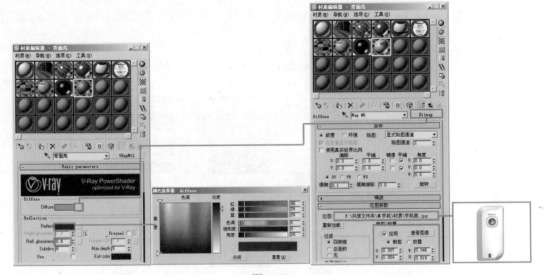

图10-78

★ 24 将材质指定给物体"壳背面"，进入 修改命令面板，为物体"壳背面"添加一个 UVW 贴图 修改器，参数设置如图10-79所示。

★ 25 接下来是一些细节部分。首先制作手机充电器接口内的金属接触片材质。按M键打开"材质编辑器"对话框，选择一个空白材质球，将材质设置为 ◎VRayMtl 材质，将材质命名为"充电槽"，参数设置如图10-80所示。将材质指定给物体"充电槽"。

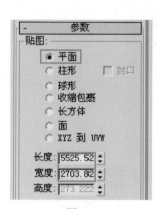

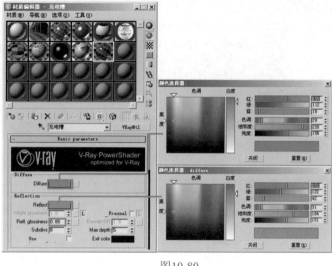

图10-79　　　　　　　　　　　　　　　　　　图10-80

★26　下面制作"金属槽"材质。按M键打开"材质编辑器"对话框，选择一个空白材质球，将材质设置为 ● VRayMtl 材质，将材质命名为"金属槽"，参数设置如图10-81所示。将材质指定给物体"金属槽"。

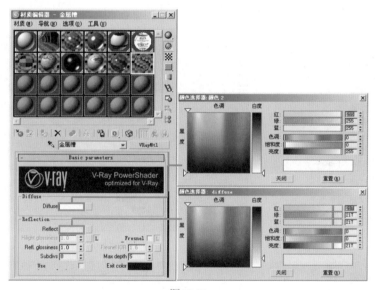

图10-81

★27　最后制作"摄像头"材质，按M键打开"材质编辑器"对话框，选择一个空白材质球，将材质设置为 ● VRayMtl 材质，将材质命名为"摄像头"，单击Diffuse贴图按钮，在弹出的"材质/贴图浏览器"对话框中选择Bitmap(位图)贴图，参数设置如图10-82所示。贴图文件为本书所附光盘中提供的"实例\第10章\手机\材质\摄像头.jpg"文件。

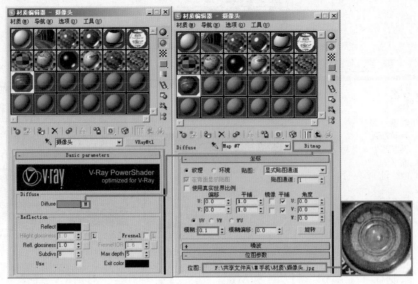

图10-82

⭐ 28 将材质指定给物体"摄像头",进入 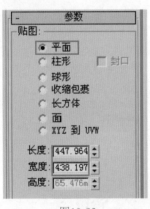 修改命令面板,为物体"摄像头"添加一个 UVW 贴图 修改器,参数设置如图10-83所示。此时效果如图10-84所示。

图10-83

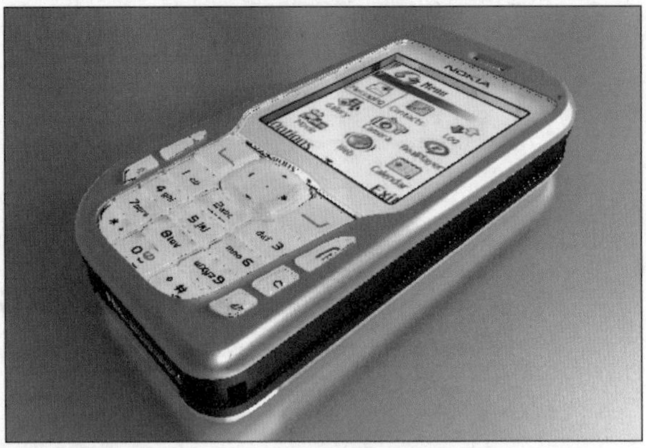

图10-84

场景中材质已经都制作完毕,下面对场景灯光进行最终测试。

⭐ 1 单击F10键打开"渲染场景"对话框,进入"渲染器"选项卡,在 V-Ray:: Irradiance map (发光贴图)卷展栏中取消调用已经存在的发光贴图设置,如图10-85所示。此时渲染效果如图10-86所示。

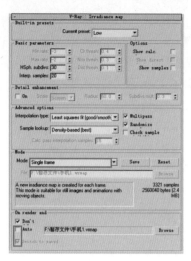

图10-85　　　　　　　　　　　　　　图10-86

2 从渲染效果中可以看到场景明显变暗，下面通过调节二次反弹值来解决这个问题。在 **V-Ray::Indirect illumination (GI)** (间接照明)卷展栏下设置参数，如图10-87所示。渲染效果如图10-88所示。

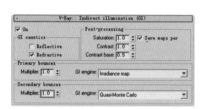

图10-87　　　　　　　　　　　　　　图10-88

3 提高场景内所有灯光的细分值，如图10-89所示。

图10-89

10.2.5 最终渲染设置

1 按F10键打开"渲染场景"对话框，进入"渲染器"选项卡，在 `V-Ray:: Irradiance map` (发光贴图)卷展栏中设置参数，重新设置对发光贴图的保存，保存方法前面已经介绍，此处不再赘述，如图10-90所示。

2 在 `V-Ray:: rQMC Sampler` 卷展栏中设置参数，如图10-91所示。

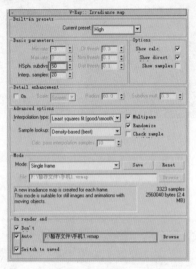

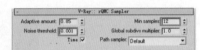

图10-90   图10-91

3 在保存发光贴图和灯光贴图进行的渲染设置中可以不调节抗锯齿参数，在渲染对话框的"公用"选项卡中设置图像的尺寸，如图10-92所示。

图10-92

4 对相机视图进行渲染，渲染结束后，新的发光贴图将被保存在指定路径中并在下次渲染时被调用。进入"渲染场景"对话框的"公用"选项卡，设置较大的渲染图像尺寸，如图10-93所示。这样比直接渲染大尺寸图像节省时间。

图10-93

5 最后设置抗锯齿参数。进入"渲染器"选项卡，在 `V-Ray:: Image sampler (Antialiasing)` 卷展栏中设置参数，如图10-94所示。

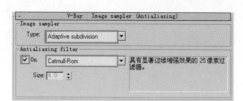

图10-94

⭐ 6　对相机视图进行渲染，最终效果如图10-95所示。

图10-95

⭐ 7　我们上面制作的是一幅运行状态下的手机效果，还可以制作省电模式下的效果，效果如图10-96所示。

图10-96

10.3　香烟场景表现

本节中我们将讲解一个香烟场景的完整表现过程，如图10-97所示为该场景的模型边线效果，如图10-98所示为最终渲染效果。

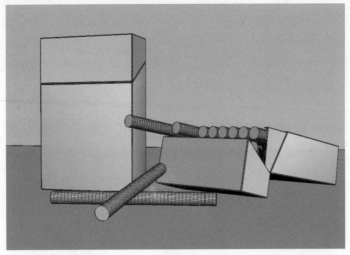

图10-97

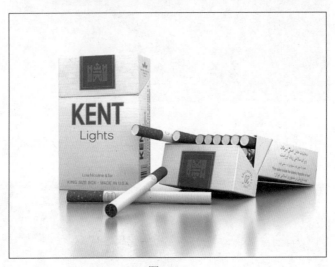

图10-98

主要灯光类型：**VRayLight**

主要材质类型：烟盒、锡纸、香烟

技术要点：主要掌握多维/子对象材质的使用方法及包装场景的表现方法

如图10-99所示为香烟场景的简要制作流程。

环境光照明效果

布光后效果

最终渲染效果

图10-99

10.3.1　测试渲染参数设置

⭐ **1**　打开本书所附光盘提供的"实例\第10章\香烟\烟盒源文件.max"场景文件，如图10-100所示。场景中相机角度及参数已经设置好。

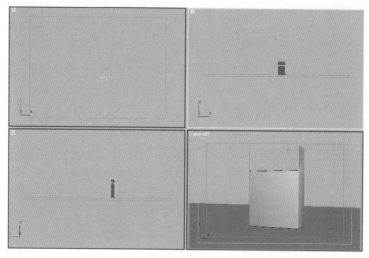

图10-100

⭐ **2**　在前期测试渲染阶段为了降低渲染时间，首先设置低质量的渲染参数。按F10键打开"渲染场景"对话框，我们已经事先选择了VRay渲染器。进入"渲染器"选项卡，在 **V-Ray:: Global switches** (全局参数)卷展栏下设置全局参数，如图10-101所示。

⭐ **3**　在 **V-Ray:: Image sampler (Antialiasing)** (抗锯齿采样)卷展栏中设置参数，如图10-102所示。

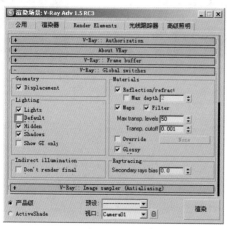

图 10-101

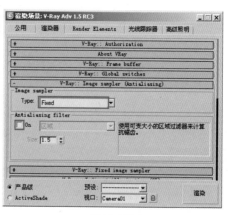

图10-102

⭐ **4**　在 **V-Ray:: Indirect illumination (GI)** (间接照明)卷展栏下设置参数，如图10-103所示。勾选卷展栏中的On复选框后，该卷展栏中的参数将全部可用(未勾选前呈灰色显示)。

⭐ **5**　在 **V-Ray:: Irradiance map** (发光贴图)卷展栏中设置参数，如图10-104所示。

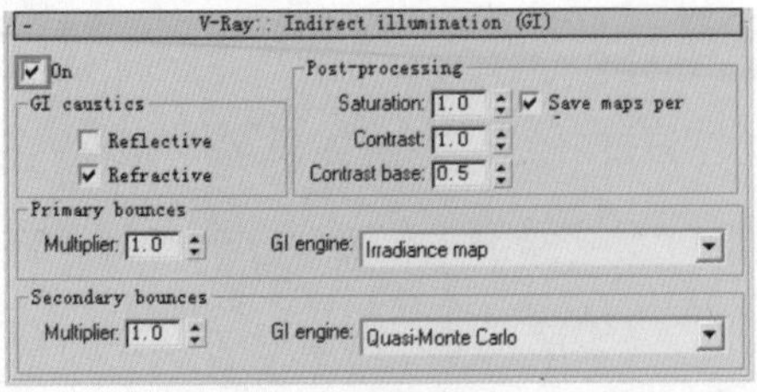

图10-103 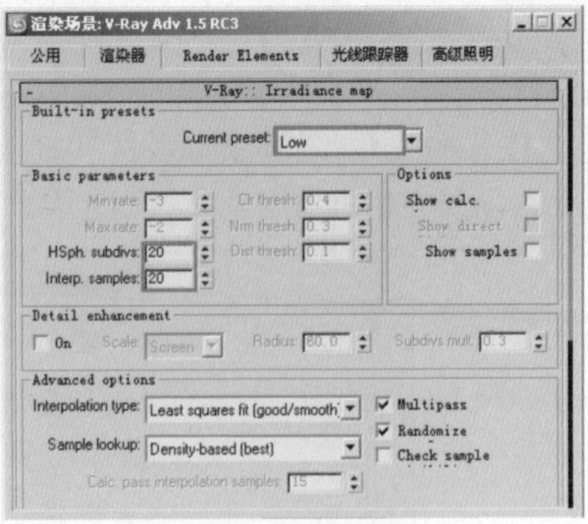   图10-104

6 在 `V-Ray:: Environment` (环境)卷展栏中设置参数，如图10-105所示。

图10-105

7 在 `V-Ray:: Color mapping` 卷展栏中进行设置，如图10-106所示。

8 对相机视图进行渲染，效果如图10-107所示。

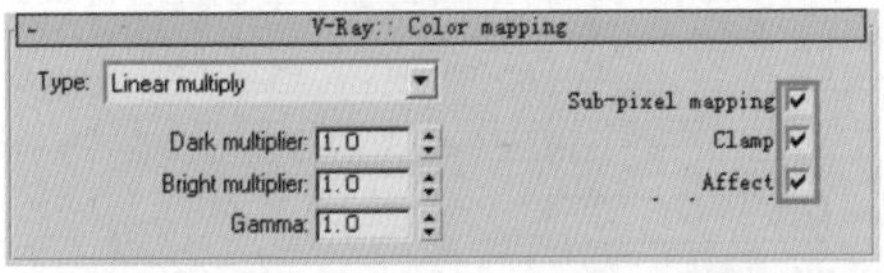

图10-106   图10-107

10.3.2 灯光布置

1 在上面的设置中，场景已经有了基本的天光照明，下面为场景布置灯光，让场景有更加丰富的细节。进入 创建命令面板，单击 灯光按钮，在下拉菜单中选择VRay类型，单击 **VRayLight** 按钮，在前视图中创建一盏VRayLight，设置其参数，在视图中调整它的位置，如图10-108所示。

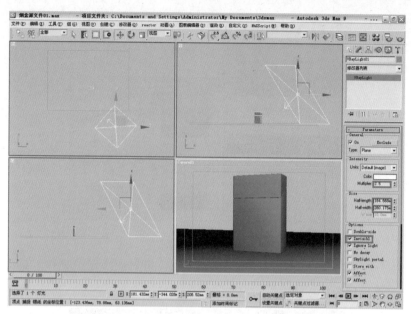

图10-108

⭐ 2　此时，对相机视图进行渲染，效果如图10-109所示。

图10-109

10.3.3　香烟场景材质表现

1.桌面材质制作

⭐ 1　首先制作桌面材质，按M键打开"材质编辑器"，选择一个空白材质球，单击 `Standard` 按钮，在弹出的"材质/贴图浏览器"对话框中选择 ⬤ **VRayMtl** 材质类型，将材质命名为"桌面"，**参数设置如图10-110所示。**

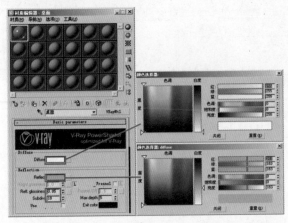

图10-110

2 在场景中选择物体"桌面"，单击 ▣ 按钮，将材质指定给物体"桌面"，对相机视图进行渲染，效果如图10-111所示。

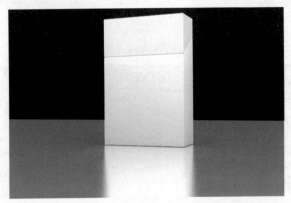

图10-111

2.烟盒材质制作

1 在场景中选择物体"烟盒"，然后按Alt+Q键进入孤立模式，如图10-112所示。

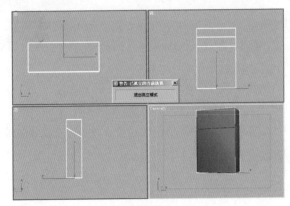

图10-112

提示：进入孤立模式后可以对所选物体单独进行编辑，操作起来会比较方便。

⭐ 2 接下来开始对物体"烟盒"进行材质ID的设置，首先确定物体"烟盒"处于选择状态，进入 ▨ 修改命令面板，可以看到"烟盒"是一个"可编辑多边形"物体，进入它的"多边形"子物体层级，单击主工具栏中的 ▨(窗口/交叉)按钮，使其处于"窗口"选择模式 ▨，在顶视图中框选"烟盒"前部的多边形，如图10-113所示。然后在"多边形属性"展卷栏中设置"烟盒"前部多边形的ID为1，如图10-114所示。

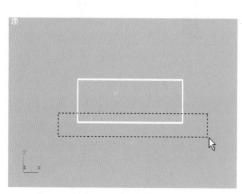

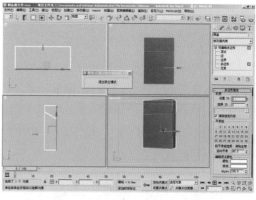

图10-113   图10-114

提示："窗口/交叉"工具是用来控制选择方式的，当它处于默认状态时，用鼠标框选场景中的物体，无论物体是否被完全框选在选区里，只要与选区交叉都会被选中；当它处于按下状态时，用鼠标选择场景中的物体，只有在物体被完全框选在选区里时，才会被选中。

⭐ 3 使用同样的方法选择"烟盒"后部的多边形，在"多边形属性"展卷栏中设置"烟盒"后部多边形的ID为2，如图10-115所示。

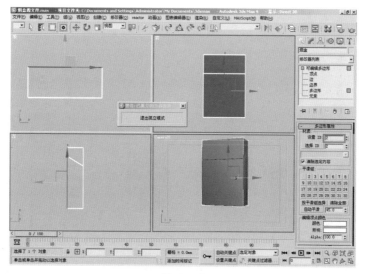

图10-115

⭐ 4 继续选择"烟盒"左侧的多边形，单击主工具栏中的 ⊙ 按钮，使其处于"交叉"选择模式 ⊙，在顶视图中建立如图10-116所示的选区，被选中的多边形如图10-117所示。

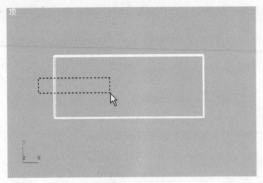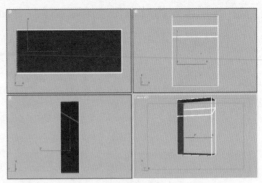

图10-116   图10-117

⭐ 5 从图中发现"烟盒"的上面和下面也被选中了，在顶视图中按住Atl键，建立如图10-118所示的选区，这样就从所选多边形中取消了上面和下面多边形的选择，然后在"多边形属性"展卷栏中设置ID为3，如图10-119所示。

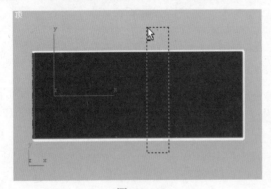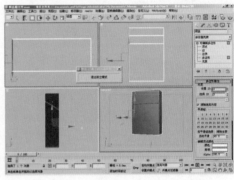

图 10-118   图10-119

⭐ 6 用同样的方法选择"烟盒"右侧的多边形，在"多边形属性"展卷栏中设置ID为4，如图10-120所示。

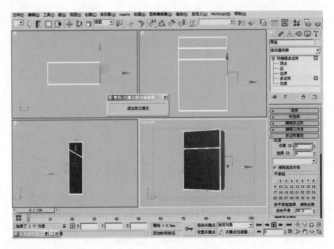

图10-120

⭐ 7 在顶视图中选中"烟盒"的上表面,在"多边形属性"展卷栏中设置ID为5。在底视图中选中"烟盒"的下表面,在"多边形属性"展卷栏中设置ID为6,烟盒材质ID设置完毕。

⭐ 8 下面开始制作烟盒的材质,按M键打开"材质编辑器",选择一个空白材质球,单击 **Standard** 按钮,在弹出的"材质/贴图浏览器"对话框中选择 **多维/子对象** 材质类型,在弹出的"替换材质"对话框中选择"将旧材质保存为子材质",如图10-121所示。

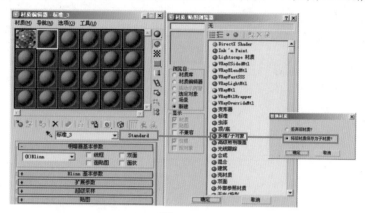

图10-121

⭐ 9 将材质命名为"烟盒",单击"设置数量"按钮,将"材质数量"设置为6,如图10-122所示。

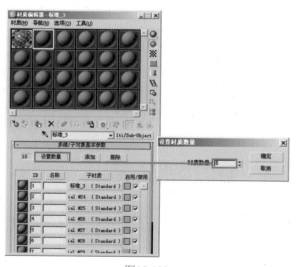

图10-122

⭐ 10 在"多维/子对象基本参数"展卷栏中,单击ID1的子材质通道按钮,进入标准材质层级,单击 **Standard** 按钮,在弹出的"材质/贴图浏览器"对话框中选择 **VRayMtl** 材质类型,如图10-123所示。

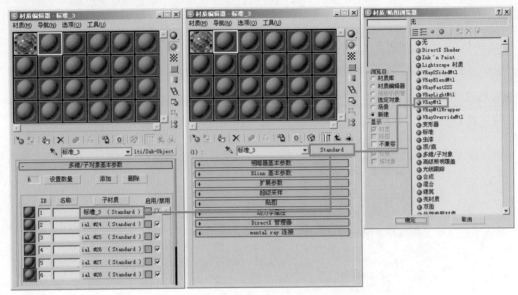

图10-123

⭐ 11 将子材质命名为"烟盒-前",设置材质参数,然后单击Diffuse(漫反射)贴图按钮▨,在弹出的"材质/贴图浏览器"对话框中选择Bitmap(位图)贴图,贴图素材文件为本书所附光盘提供的"光盘文件\实例\第10章\香烟\材质\FRONT.jpg"文件,在"位图"贴图层级进行设置,如图10-124所示。

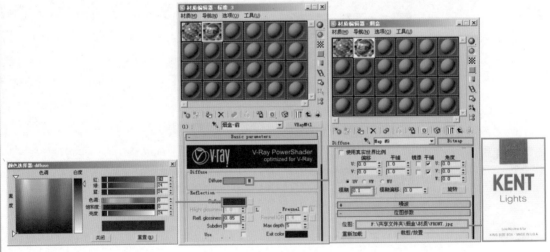

图10-124

⭐ 12 返回"多维/子对象"材质层级,将ID1的子材质复制给ID2,如图10-125所示。

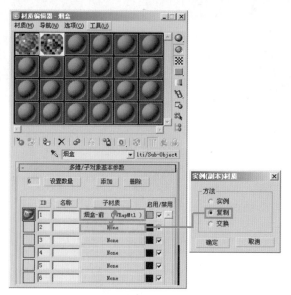

图10-125

13 单击ID2的子材质通道按钮,进入VRayMtl材质层级,将子材质命名为"烟盒-后",单击漫反射贴图按钮,将位图贴图文件改为本书所附光盘提供的"光盘文件\实例\第10章\香烟\材质\BACK.jpg"文件,如图10-126所示。

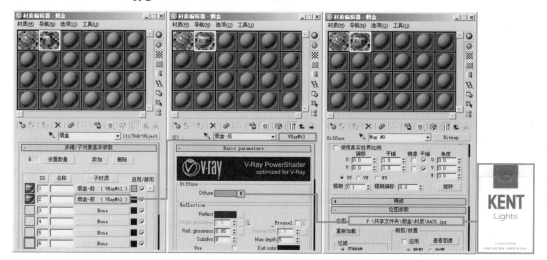

图10-126

14 返回"多维/子对象"材质层级,将ID1的材质分别复制给ID3. ID4. ID5和ID6,进入VRayMtl材质层级,分别将其命名为"烟盒-左"、"烟盒-右"、"烟盒-上"和"烟盒-下",然后分别将位图贴图文件改为本书所附光盘提供的"光盘文件\实例\第10章\香烟\材质\LEFT.jpg、光盘文件\实例\第10章\香烟\材质\RIGHT.jpg、光盘文件\实例\第10章\香烟\材质\UP.jpg、光盘文件\实例\第10章\香烟\材质\DOWN.jpg"文件。

15 烟盒的材质设置完毕,单击 按钮,将材质指定给物体"烟盒",在视图中单击"退出孤立模式"按钮,退出"孤立模式",如图10-127所示。

16 按8键,打开"环境和效果"对话框,在"公用参数"展卷栏中将背景色设置为白色，如图10-128所示。

图10-127   图10-128

⭐ 17 对相机视图进行渲染，效果如图10-129所示。

图10-129

3. 烟盒内部材质制作

从模型中可以看到烟盒内部还有两个物体，分别为"内芯"和"锡纸"，为了方便在渲染时观察内部物体的材质，下面通过编辑多边形将烟盒打开。

⭐ 1 选择物体"烟盒"进入修改面板，在"选择"卷展栏中单击"元素"按钮 ▱，使其呈黄色亮显状态。在任意视图中单击烟盒的盒盖部位将其选中，如图10-130所示。

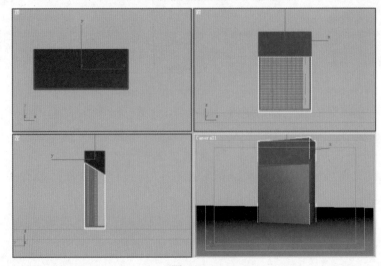

图10-130

2 单击主工具栏中的"选择并旋转"按钮，在左视图中对烟盒盖进行旋转，然后通过移动和捕捉工具将盒盖放置到如图10-131所示的位置。

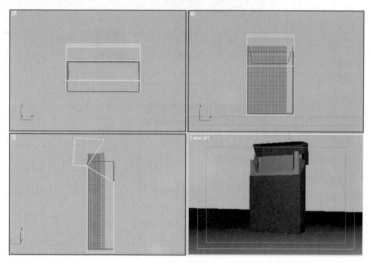

图10-131

3 这样烟盒内部的物体就可以看到了，首先来制作物体"内芯"的材质。按M键打开"材质编辑器"，选择一个空白材质球，单击 Standard 按钮，在弹出的"材质/贴图浏览器"中选择 VRayMtl 材质类型。

4 将材质命名为"内芯"，参数设置如图10-132所示。选择物体"内芯"，单击 按钮，将材质指定给物体。

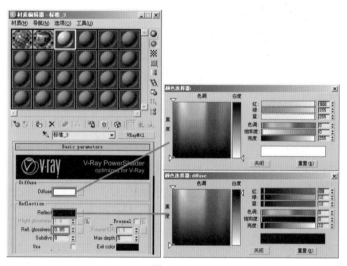

图10-132

5 下面制作锡纸的材质，首先将材质设置为 VRayMtl 材质类型，将其命名为"锡纸"，参数设置如图10-133所示。位图贴图文件为本书所附光盘提供的"光盘文件\实例\第10章\香烟\材质\锡纸.jpg"文件。

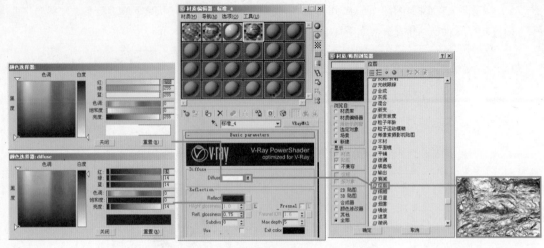

图10-133

⭐ 6 返回VRayMtl材质层级，在Maps卷展栏中将Diffuse贴图按钮拖动到Bump贴图按钮上，在弹出的"复制(实例)贴图"对话框中选择"实例"选项进行关联复制，如图10-134所示。将材质指定给物体"锡纸"。

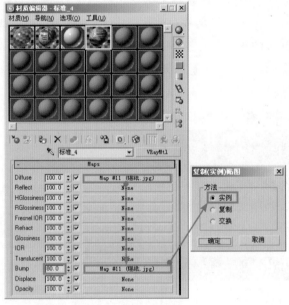

图10-134

4. 香烟材质制作

⭐ 1 下面开始制作香烟的材质。先在场景中选中物体"香烟"，按Alt+Q键进入"孤立模式"，单独对物体"香烟"进行编辑，如图10-135所示。

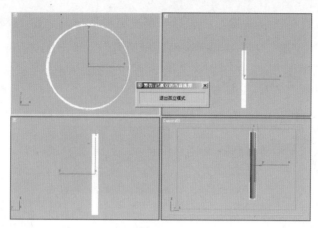

图10-135

2 物体"香烟"是由"烟"和"烟丝"两个物体组成的，首先执行解组命令，单击菜单栏中的"组|解组"命令，如图10-136所示。

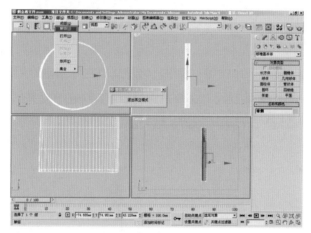

图10-136

3 选择物体"烟"，进入修改命令面板，在物体"烟"的"多边形"子对象层级进行操作，在视图中选择烟身部分的多边形，如图10-137所示。

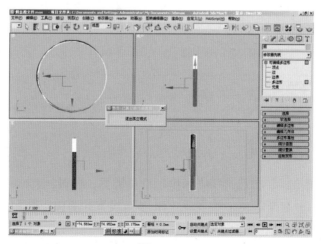

图10-137

4 按M键进入"材质编辑器"，选择一个空白材质球，单击 `Standard` 按钮，在弹出的"材质/贴图浏览器"中选择 VRayMtl 材质类型。单击Diffuse贴图按钮，在弹出的"材质/贴图浏览器"中选择Falloff(衰减)贴图，在"衰减"贴图层级进行设置，贴图文件为本书附带光盘中的"光盘文件\实例\第10章\香烟\材质\纸.jpg"文件，如图10-138所示。

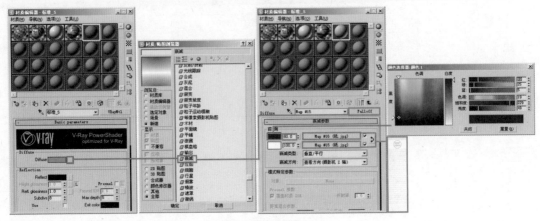

图10-138

5 将材质命名为"皮"，单击 按钮，将材质"皮"指定给所选多边形。

6 单击菜单栏中的"编辑|反选"命令，选择烟嘴部分的多边形，如图10-139所示。

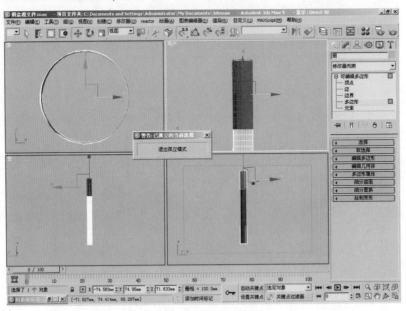

图10-139

7 按M键打开"材质编辑器"，选择一个空白材质球，单击 `Standard` 按钮，在弹出的"材质/贴图浏览器"中选择 VRayMtl 材质类型。单击Diffuse贴图按钮，在弹出的"材质/贴图浏览器"中选择Bitmap(位图)贴图，参数设置如图10-140所示。

8 将材质命名为"烟嘴"，单击  按钮，将材质指定给所选多边形，此时效果如图10-141所示。

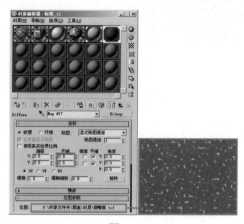

图10-140　　　　　　　　　　　　　　　　图10-141

9 现在来制作烟嘴里过滤棉芯的材质，在顶视图中单击选中物体"烟"顶部的面，如图10-142所示。

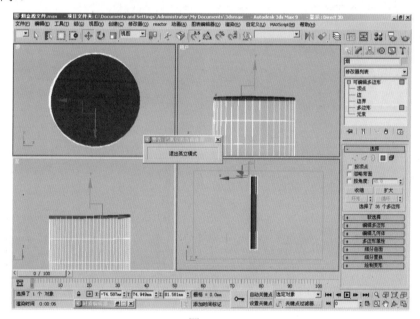

图10-142

10 按M键打开"材质编辑器"，选择一个空白材质球，单击 **Standard** 按钮，在弹出的"材质/贴图浏览器"中选择 VRayMtl 材质类型。单击Diffuse贴图按钮，在弹出的"材质/贴图浏览器"中选择Falloff(衰减)贴图，在衰减贴图层级进行设置，如图10-143所示。

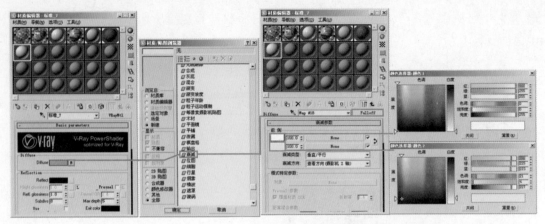

图10-143

⭐ 11 将材质命名为"棉"，单击 按钮，将材质指定给所选多边形。

⭐ 12 单击"多边形"按钮，退出"多边形"子对象层级。在"修改器列表"中选择"UVW 贴图"修改器，参数设置如图10-144所示。

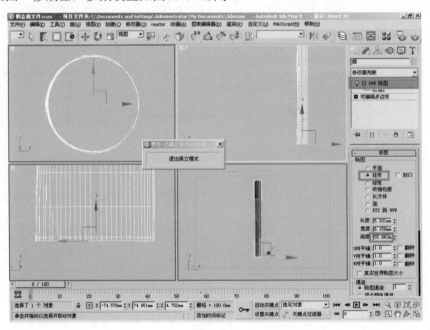

图10-144

⭐ 13 最后来制作烟丝的材质，单击主工具栏中的 (按名称选择)按钮，在弹出的对话框中选择物体"烟丝"，如图10-145所示。

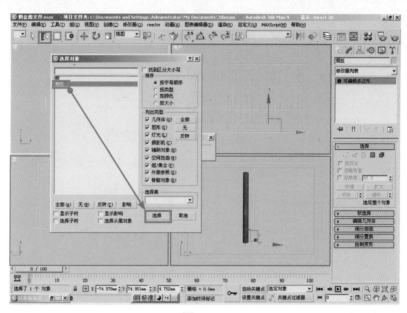

图10-145

⭐ 14 按M键打开"材质编辑器",选择一个空白材质球,单击 **Standard** 按钮,在弹出的"材质/贴图浏览器"中选择 ● **VRayMtl** 材质类型。单击Diffuse贴图按钮,在弹出的"材质/贴图浏览器"对话框中选择Bitmap(位图)贴图,位图贴图文件为本书所附光盘提供的"光盘文件\实例\第10章\香烟\材质\烟丝.jpg"文件,如图10-146所示。

⭐ 15 在"位图"贴图层级对材质进行设置,如图10-147所示。

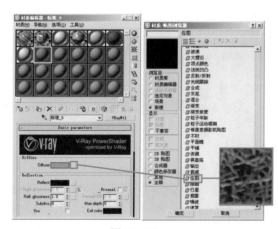

图 10-146

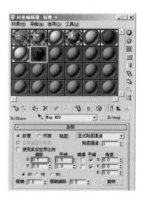

图10-147

⭐ 16 返回VRayMtl材质层级,在Maps卷展栏中将Diffuse贴图按钮拖动到Bump贴图按钮上,在弹出的"复制(实例)贴图"对话框中选择"实例"选项进行关联复制,如图10-148所示。

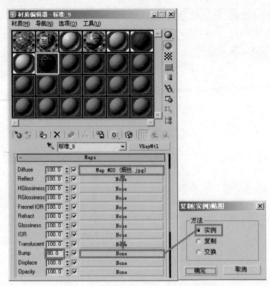

图10-148

⭐ 17 将材质命名为"烟丝",单击 ⬆ 按钮,将材质指定给所选物体。

⭐ 18 场景中的材质全部设置完毕,单击"退出孤立模式"按钮,使烟盒等物体显示在视图中。使用移动、旋转、复制等工具对场景进行布置,具体操作这里就不再讲解。效果如图10-149所示。

图10-149

10.3.4 最终渲染设置

⭐ 1 场景内的材质已经制作完毕,下面来设置高质量的渲染参数。首先将场景内的灯光细分值提高,如图10-150所示。

⭐ 2 设置"发光图"参数并保存发光贴图。按F10键打开"渲染场景"对话框,进入"渲染器"选项卡,在 V-Ray:: Irradiance map (发光贴图)卷展栏下On render end选项组中,勾选Don't delete和Auto save复选框,单击Auto save后面的 Browse 按钮,在弹出的Auto save irradiance map(自动保存发光贴图)对话框中输入要保存的.vrmap文件的名称及路径,然后勾选Switch to saved map复选框,渲染结束后,保存的发光贴图将自动转换到From file选项中,再次渲染时就不用再计算发光贴图了，渲染器会直接调用已经保存好的发光贴图文件，如图10-151所示。

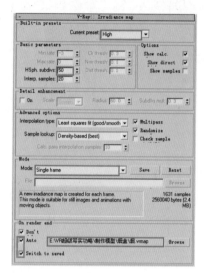

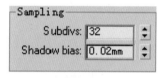

图10-150　　　　　　　　　　　　　图10-151

★ 3 在 V-Ray:: rQMC Sampler 卷展栏中设置参数，如图10-152所示。

★ 4 在保存发光贴图的渲染设置中可以不调节抗锯齿参数，在渲染对话框的"公用"选项卡中设置图像的尺寸，如图10-153所示。

图 10-152　　　　　　　　　　　　图10-153

★ 5 对相机视图进行渲染，此次渲染的目的为了保存发光贴图，渲染结束后，发光贴图被自动保存到指定路径并会在下次渲染时被调用。然后进入"渲染场景"对话框的"公用"选项卡，设置较大的渲染图像尺寸，如图10-154所示。这样比直接渲染大尺寸图像节省了很多时间。

★ 6 最后设置抗锯齿参数。进入"渲染器"选项卡，在 V-Ray:: Image sampler (Antialiasing) 卷展栏中设置参数，如图10-155所示。

图10-154　　　　　　　　　　　　图10-155

★ 7 对相机视图进行渲染，最终效果如图10-156所示。

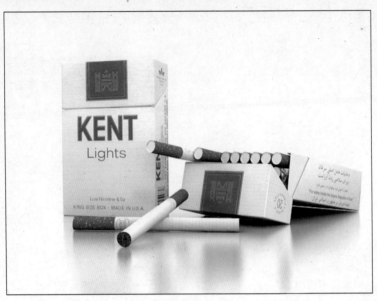

图10-156